KB150533

FASHIO
IMAGE
MAKII

FASHIO
IMAGI
MAKI

FASHION
IMAGE
MAKI

FASHIO

IMAGI

MAKI

개정판 패션과
이미지 메이킹

FASHION & IMAGE MAKING

개정판 **패션과
이미지 메이킹**

이경희 / 김윤경 / 김애경 지음

FASHION &
IMAGE
MAKING

(주)교 문 사

개정판을 내면서

이미지의 시대가 도래하면서 시대가 요구하는 이미지 메이킹을 위해 패션의 관점에서 이미지 메이킹을 풀어 『패션과 이미지 메이킹』을 발간한 지 벌써 7년째를 맞이하게 되었다. 그동안 이 책은 전공과 교양분야의 교수님들과 학생들의 관심 속에서 검증되어왔다. 부족한 부분이 많음에도 불구하고 교육자료로 활용해주신 분들께 보답하는 마음으로 시대적 감각에 맞는 좀 더 보완된 개정판을 내는 용기를 갖게 되었다.

『패션과 이미지 메이킹』은 개념으로부터 얻어진 지식을 실제적인 적용으로 이끌어내는 활동과정에서 개개인의 지식의 재창조를 가져오는 즐거움을 제공하였다. 또한 성공적인 이미지 변화를 갈망하는 학생들에게 도전과 용기를 주어 세련되고 풍성한 패션 감성으로 새롭게 변화되어가는 자신을 발견하는 기쁨을 맛보게 하였다.

이에 개정판에서는 초판의 큰 틀을 유지하면서 장별로 최신 트렌드의 시각적 자료들로 교체하였다. 강의를 통해 좀 더 구체적으로 개선할 필요성을 느낀 부분들에 대해서는 이론적 내용들을 보완하여 각 장의 활동자료(activity)에도 적용하였다. 또한 책전체에 걸쳐 각종 패션 전문지나 신문 등에서 발췌한 관련 기사 내용들로 꾸며진 '쉬어가기' 코너도 최근의 유용한 정보로 새롭게 단장하였다.

초판을 출간하고 교재로 활용하면서 매 학기마다 지속적인 토론과 피드백을 통해 새로운 내용으로 보강하며 개정판을 준비해 온 김윤경 선생님, 김애경 선생님에게 감사한 마음을 전한다. 『패션과 이미지 메이킹』을 개정판의 새 옷으로 단장한 기쁨을 여러분들과 함께 나누고 싶다. 다시 살펴보면 여전히 아쉬운 부분들이 있지만 앞으로 독자 여러분의 많은 조언과 질정의 손길에 맡기며 부탁드리는 마음이다.

끝으로 개정판의 출간을 위하여 힘써 주신 (주)교문사 류제동 사장님을 비롯하여 감각적인 개정판이 나오기까지 힘써주신 편집부 직원들께 감사의 마음을 전한다.

2012년 2월

대표저자 이경희

머리말

패션(fashion)은 특정한 시기의 지배적인 유행이다. 이는 많은 사람들에게 수용되는 집합적 표현 의미를 띤다. 이에 비해 이미지(image)는 어떤 사람이나 사물에 대하여 갖는 기억 및 인상 평가 · 태도 등의 총체로서, 사물이나 인물에 대하여 특별한 감정을 가지게 하는 영상을 말한다.

좋은 이미지는 상품의 가치뿐 아니라 개인의 가치도 올려준다. '좋은 이미지를 만들어 낸다'는 '이미지 메이킹'은 이런 측면에서 볼 때 '좋은 이미지를 만들기' 위한 최상의 방법이라고 할 수 있다. 따라서 좋은 이미지를 만든다는 것은 지금의 트렌드를 자신과 잘 조화시켜 대대수 사람들에게 호감을 줌으로써 성공적인 이미지 구축을 가능하게 하는 것이다. 이미지 메이킹이 패션과 서로 밀접한 관계에 놓이는 것은 바로 위와 같은 까닭에서이다.

좋은 이미지를 만들기 위해 전제가 되어야 하는 것은 시대가 요구하는 미의식과 가치관이다. 즉, 대다수의 사람들에 의해 보편화된 현상인 패션의 관점에서 이미지 메이킹을 풀어내야 한다는 것을 뜻한다.

이 책은 크게 3부로 나누어 위의 문제를 심도 있게 다루고 있다.

제1부는 패션과 이미지 메이킹을 이해하는 도입 부분이다. 먼저 1장은 패션과 이미지 메이킹에 대한 개념과 사회적 기능, 구성 요소들을 살펴봄으로써 이미지 메이킹의 중요성과 흥미를 유발시켜 스스로 자신을 바꾸어 보겠다는 변신에 대한 자세를 가지게 하고자 마련되었다. 2장에서는 나만의 컬러를 진단하고, 기본적인 컬러에 대한 이해와 특성을 바탕으로 한 색상과 톤의 이미지를 기술하였다. 아울러 개인에게 어울리는 컬러를 찾아보는 퍼스널 컬러 진단에 대해서도 서술하였다.

제2부는 성공적인 이미지 메이킹을 위한 구성 요소를 살펴보는 실전 단계이다. 3장에서는 피부, 메이크업, 헤어 등 헤드 부분의 연출 방법을 제시함으로써 다양한 유형에

서 드러나는 단점을 보완하고 장점을 부각시킬 수 있도록 조언하였다. 4장에서는 전체 체형과 부분체형을 분석하고 여기에 어울리는 패션을 제안해줌으로써 스스로 자신의 체형을 분석, 알맞은 패션 연출을 가능하게 하는 능력을 키우고자 보디 연출 부분에 초점을 두었다. 5장의 어패럴 연출 부분에서는 패션 아이템의 종류와 특성, 패션 액세서리의 활용 방법 등을 다루고 있어 의상 선택 및 쇼핑을 좀더 전문적이고 효율적으로 수행할 수 있도록 도움을 주고자 마련되었다.

제3부에서는 2부에서 얻어진 지식을 바탕으로 더욱 전문적인 패션 연출의 방법을 다양한 측면에서 시도해보고자 하였다. 6장에서는 코디네이션 유형에 따라 손쉽게 할 수 있는 연출 방법을 소개하였으며, 7장에서는 8가지 패션 이미지의 디자인 코드를 정리하여 자신의 이미지나 닮고 싶은 이미지를 패션을 통해 완성해 보는 기회를 만들었다. 8장에서는 대인관계에서 중요한 역할을 하는 아름다운 표정의 중요성을 이해하고 적절한 상황에서의 매너 갖추기를 설명하였다. 끝으로 9장에서는 시간, 장소, 상황에 따른 적절한 패션 연출에 대해 알아봄으로써 TPO에 맞는 패션 연출 방법을 제시해 보았다.

또한 책 전체에 걸쳐 각 장별로 각종 전문 저널지 및 신문, 일반 잡지 등에서 발췌한 다양한 박스기사를 넣음으로써 패션과 이미지 메이킹에 대한 간접적인 체험 및 기초 상식을 부담 없이 경험할 수 있는 기회를 만들었다. 또 각 장의 끝부분에는 활동자료 (activity)를 만들어 앞서 습득한 내용을 자신에게 직접 적용해 볼 수 있게 하였다.

이 책의 내용은 그동안 일반교양 과목으로 학생들의 관심과 인기를 얻어온 패션과 이미지 메이킹에 대한 수업 내용과 국내 · 외 선행 관련 자료들을 바탕으로 이루어졌다. 또한 패션과 이미지 메이킹에 관련된 실무 경험과 관련 강의 경력을 가지고 있는 김윤경 선생, 김애경 선생과 함께 이 책을 집필을 할 수 있게 되어 무엇보다 든든하고 기쁘다. 이 책이 일반교양 서적으로서 이미지 메이킹 분야에서 기초 자료로 활용되고, 성공적인 이미지 변화를 갈망하는 학생들과 일반인들에게 많은 도움이 될 수 있기를 바라는 마음이 간절하다. 앞으로 독자 여러분의 많은 조언과 질정을 부탁드린다.

끝으로 그동안 말없이 지켜봐 주신 주위의 모든 분들께 감사의 뜻을 전하고 싶다. 또한 기꺼이 이 책의 내용을 다듬어 주시는 데 수고해 주신 정재형 선생님의 노고에 진심으로 감사드리며, 아울러 (주)교문사 류제동 사장님을 비롯한 편집부 직원 여러분들께도 감사의 마음을 전한다.

2006년 2월
대표저자 이경희

차 례

Part 1

패션과
이미지 메이킹의
이해

Part 2

이미지 메이킹의 구성

xi

Part 3

이미지 메이킹
하기

Part 1

패션과
이미지 메이킹의
이해

나를 바꾼다

1. 패션과 이미지 메이킹의 개념

'이미지는 모든 것을 집어 삼킨다.'

스튜어트 유웬Stuart Ewen은 최근 자신의 문화이론서에서 이미지 통합은 이미 개개의 기업을 넘어 우리 사회의 전 영역에 적용되고 있으며, 개인의 이미지 통합, 즉 PIPersonal Identity는 점차 패션 세계에서 관심이 집중되고 있다고 지적하였다.

이미지image란 어떤 사람이나 사물에 대하여 가지는 시각상이나 기억, 인상 평가 및 태도 등의 총체로서, 사물이나 인물에 대하여 특정한 감정을 가지게 하는 영상이다. 현대는 이미지의 시대라고 해도 과언이 아닐 정도로 수많은 이미지들이 우리 주위를 둘러싸고 있으며 이러한 이미지들은 우리의 마음을 움직이게끔 한다.

좋은 이미지는 상품의 가치뿐 아니라 개인의 가치를 올려준다. '좋은 이미지를 만들어 낸다' 는 문자 본래 의미의 '이미지 메이킹' 은 그러한 뜻에서 '좋은 이미지를 만들기' 위한 최상의 방법으로 선택된다.

일반적으로 정치인이나 연예인 등 특정한 분야에 있는 사람에게만 적용하는 것으로 생각해 오던 이미지 메이킹은 이제 많은 사람들이 자신의 개성과 직업, 신분에 맞는 이미지를 구축하여 상대방에게 호감을 주며 자신의 능력과 가치를 업그레이드시켜 줄 수 있는 수단으로 인식되고 있다. 결국 이러한 좋은 이미지를 만드는 것은 시대가 요구하는 가치관과 미의식이 반영된 나만의 개성을 찾아 만들어 내는 것이다. 여기에서 우리는 패션과 이미지 메이킹의 밀접한 관련성을 지적하지 않을 수가 없다.

벤자민 프랭클린Benjamin Franklin은 '먹는 것은 자기가 좋아하는 것을 먹되, 입는 것은 남을 위해서 입어야 한다'고 하였다. 본래 패션fashion은 변화를 전제로 한 개념으로서 물질적 혹은 비물질적인 문화의 전역에 걸쳐 적용되는 용어로 의복뿐만이 아니라 액세서리, 가구, 인테리어, 건축, 라이프스타일 전반에 이르기까지 광범위하게 사용된다. 개성의 관점에서 패션은 새로운 스타일, 변별력 추구를 의미하며, 동조성의 관점에서는 지배적 스타일, 현재 가장 적합한 스타일, 집합 행동의 표현을 뜻한다. 특정 시기에 많은 사람들에게 받아들여지는 지배적이고 적합하며 집합적 표현의 의미로 해석되는 패션은 결국, 좋은 이미지를 만드는 이미지 메이킹과 밀접한 관계를 가진다. 즉, 성공적인 이미지 메이킹은 결국 시대가 요구하는 미의식과 가치관이 자신의 외적, 내적 측면의 모습에 반영이 될 때 가능한 것이다.

레이건과 부시 등 미국 대통령의 이미지를 성공적으로 만든 이미지 쉐이커Image Shaker: 이미지를 흔들어 완전히 바꿔 놓는 사람 로저 아일즈Roger Ailes는 'You are the message'라고 하여, 이미지를 어떻게 창출하느냐에 따라 상대방에게 전달되는 메시지가 결정되고 그 메시지를 전달하는 매체가 바로 자신임을 강조하였다. 이는 사회적인 존재인 인간이 자신의 역할을 수행하기 위한 관계 형성에 패션을 통한 이미지 메이킹이 얼마나 중요하게 작용하는지를 알 수 있게 해준다.

한 대표적 사례로 1960년대 케네디와 닉슨의 미국 대선을 꼽을 수 있다. 당시 최초로 TV 연설을 통해 대통령 후보끼리 토론회를 열었을 때 닉슨에 비해 정치적 경력이나 지지율이 열세였던 케네디는 산뜻한 감색 양복에 새하얀 셔츠, 단정하게 맨 넥타이로 젊고 건강한 인상과 활동감 넘치는 이미지를 대중들에게 어필하였다. 그것은 곧 그 당시 선진국에 올라 선 미국의 젊고 패기 있는 모습의 반영이었으며 그 결과 케네디는 대선을 승리로 이끌게 되었고, 이후 정치인들에게 이미지 메이킹은 필수 전략으로 인식되었다.

십인십색이라는 말과 같이 인간은 각자의 개성에 의하여 자기 본래의 이미지를 가지고 있다. 패션을 통해 자기만의 개성 있는 이미지를 만들어간다면 '이미지 개선'이라는 이미지 메이킹의 본래 목적을 이루게 되며, 이것은 자기만족은 물론 성공적인 사회생활을 영위하는데 도움이 될 수 있을 것이다.

2. 이미지 메이킹의 사회적 기능

정보화 시대는 곧 이미지의 시대를 말한다. 좋은 이미지의 구축은 개개인 간의 관계 증진은 물론 그것이 대인 관계에서 강점으로 작용하여 사회생활에 자신감을 형성하고, 개인의 잠재적인 능력과 장점을 최대화하여 삶의 질을 향상시킬 수 있다.

긍정적인 자아상 확립

성공적인 이미지 메이킹은 자신의 이미지를 어떻게 만드느냐에 앞서 내가 누구인지 아는 것에서 비롯된다. 자신의 성격이나 신체 외모 등으로 나타나는 자아self는 자기에 대한 태도나 감정 및 행동에 영향을 준다.

보다 나은 자신의 모습을 원하는 내적 변화의 자세는 성공적인 이미지 메이킹의 시작임과 동시에 외적 개선을 통해 자기를 사랑하고 자신감과 긍정의 힘을 기르는 시너지 효과를 가져 온다.

스티브잡스   오프라윈프리

그림 1-1 긍정적인 자아상 확립의 롤 모델 스티브잡스와 오프라윈프리

애플의 창립자였던 스티브 잡스나 미국의 유명 MC 오프라 윈프리의 경우 불우했던 어린 시절을 자신에 대한 믿음과 신념을 가지고 극복함으로써 오늘날 많은 사람의 존경과 사랑을 받는 선망의 대상이 되었다.

이미지 메이킹을 통한 긍정적인 자아상의 확립은 자신에 대한 자존감을 높여주고 긍정적이고 적극적인 삶의 태도를 지닌 성공적인 사회인으로 성장하는데 중요한 발판이 된다.

첫인상 만들기

일상생활에서 사람을 처음 만날 경우, 서로의 반응은 처음 느끼는 인상에 따라서 영향을 많이 받는다. 첫인상이란 처음 보는 사람의 외모로 형성되는 느낌을 말하는데 사회심리학자 올포트Allport는 사람들은 보통 30초 이내에 처음 본 사람의 성별, 나이, 체격, 직업, 성격 등을 짐작할 수 있다고 했다.

상대방에게 호감을 줄 수 있는 첫인상은 표정이나 메이크업, 복장, 보디랭귀지, 말투와 같은 외양적인 모습뿐만이 아니라 진실됨과 겸손함, 상대방을 배려하는 자세, 항상 준비하는 부지런한 움직임, 프로의식 등과 같은 내면적인 모습을 가꿈으로써 비로소 만들어진다. 내면을 가꿈과 동시에 외면에 대한 효과적 연출은 평생 자신을 평가하는 기준으로 작용하게 된다.

욘사마로 더 유명한 배용준의 경우 모 드라마에서 기존의 단정한 헤어스타일을 벗고 밝은 갈색의 퍼머에 카멜색 코트의 세미 정장과 다소 날카로워 보일 수도 있는 눈매를 안경으로 커버한 다음 다양한 색상의 머플러를 꼬아서 매는 자유분방한

웃는 표정

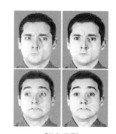

화난 표정
(미국 다트머스대 제공)

그림 1-2 첫인상 형성

연출을 곁들여 따뜻하고 환한 미소의 성공적인 이미지 메이킹을 선보였다.

상대방을 향한 따뜻한 미소와 눈을 응시하는 대화법은 첫인상에 호감을 얻을 수 있는 필수조건!

거울을 보고 있는 당신에게 매력적인 첫인상을 남겨보자.

개 성

개성은 다른 사람과 구별되는 특성을 말한다. 개성은 취미나 태도, 사고방식 등과 같은 성격의 특성이나 걸음걸이, 얼굴 표정 등의 신체적인 특징일 수도 있다. 개성은 전체적으로 볼 때의 독자적인 특징이기 때문에 개인차가 나타나게 되는데, 그러한 개인차는 또한 개성을 형성하고 있는 개개인의 부분적인 특성에도 나타난다.

섹스 심벌로 우리의 기억 속에 남아 있는 마릴린 먼로는 데뷔 초기의 평범한 브론즈 헤어를 화려한 금발로 바꾸고 특유의 걸음걸이와 웃음, 표정으로써 먼로 스타일을 만들어 내면서 차별화 된 개성으로 성공적인 이미지 변신을 하였다.

그림 1-3 차별화 된 개성을 만들어 낸 마릴린 먼로

역할과 직업

의복을 통한 이미지 연출은 무언의 언어nonverbal language로서의 기능을 가지는데, 이러한 기능은 이미지 메이킹을 통해 개인의 성, 연령 등은 물론, 사회적 지위, 경제적 능력, 나아가서는 자신이 가지고 있는 생각과 가치관 등 개인적 메시지를 타인에게 전달하거나 나타낼 수 있으며 자아 정체감의 형성에도 도움을 준다.

전문 이미지 컨설턴트들의 이미지 메이킹 진단 과정을 살펴보면 일반적으로 의뢰인의 TPOtime, place, occasion를 파악하여 그 상황에 적합한 모습으로의 변화를 제안해 주는데 이는 곧 의뢰인의 생활을 통해 그 사람의 사회 속에서의 역할과 직업

그림1-4 역할과 직업에 따라 변신한 힐러리 클린턴

을 좀 더 효과적으로 보여줌으로써 긍정적인 효과를 이끌어 내기 위함 이다.

미국의 최초 전문직 여성 퍼스트 레이디인 힐러리 클린턴의 경우 결혼 당시에는 긴 머리에 큰 테의 안경을 끼고 있어 전형적인 변호사의 이미지를 하고 있었으나 클린턴 취임 초기(그림 1-4의 가운데 사진)에는 재클린 케네디를 연상시킬 정도로 젊고 지적인 분위기로 미국인들을 사로잡았다. 이후 힐러리 여사는 어깨까지 오는 단발머리와 단색 머리띠를 크게 유행시켰다. 상원의원 당선 후에는 커트머리에 팔을 걷어붙인 니트나 셔츠 차림의 모습으로 자주 언론에 등장, 능력 있는 워킹우먼의 이미지를 보여주었다.

사회적 신분과 성공의 가능성

성공한 사람들에게는 특별한 뭔가가 있다. 자기 모습에 자신이 있다면 더욱 당당해 지는 것은 당연한 일이다. '나' 라는 한 사람의 존재 또는 말과 행동은 곧바로 그 사람에게 부여되는 가치의 척도가 된다.

1960년 미국 대통령 선거 유세 당시, 대통령 후보로 나온 케네디의 부인 재클린 케네디의 경우 대통령 후보 부인으로서의 우아함을 잃지 않으면서 그 당시 미국의 진취적이고 젊은 문화적 가치관을 단순하고 모던한 패션과 자유롭고 화목한 라이

그림1-5 케네디를 성공으로 이끈 재클린 케네디의 이미지 메이킹

프스타일로 보여주었다. 이는 미국인들로 하여금 긍정적인 이미지를 가지게 하여 케네디의 당선에 상당한 영향을 미친 것으로 알려지고 있다.

경제적 시너지 효과

성공적인 이미지 메이킹은 산업적인 측면에서 경제적인 효용 가치를 크게 높일 수 있다. 그 예로 스타 마케팅을 들 수 있는데 유명 연예인뿐만 아니라 스포츠 스타를 대상으로 한 마케팅에서 그들의 이미지 메이킹의 성공은 곧 기획사나 스포츠 관련 업체의 수입과 직결되므로 하나의 큰 사업으로 여겨지고 있다.

축구선수 데이비드 베컴을 후원하는 아디다스, 모토롤라, 조르지오 아르마니의 경우 그가 가지고 있는 건강하고 섹시한 이미지를 브랜드 상품과 잘 접목하여 막대한 광고 효과를 얻고 있다. 우리나라의 대표적인 아이돌 그룹인 소녀시대, 빅뱅, 원더걸스 등이 속해 있는 소속사들은 끊임없는 노력과 투자를 통해 이들이 국제적인 경쟁력을 갖출 수 있도록 그룹의 이미지를 만들고 관리하였다. 이러한 전략적인 기획력은 글로벌 K-Pop 열풍의 중심에 그들을 있게 하였으며 미디어 콘텐츠 시장의 성장은 물론 주식시장의 핫 이슈가 되는 엄청난 경제적 시너지 효과를 얻게 되었다.

그림 1-6 축구선수 데이비드 베컴

호주총리 구두는 16만 원짜리 자국산!

시위대가 인터넷에 올려… 애국심·소탈함 돋보여 화제

1월 26일(현지 시각) 호주 캔버라에서 시위대를 피해 대피하다 구두가 벗겨진 호주 줄리아 길라드 총리의 구두가 화제다. 구두가 벗겨진 줄도 모른 채 허겁지겁 탈출한 장면은 신데렐라처럼 아름다운 동화 속 스토리는 아니었지만, 신고 있던 구두 브랜드가 공개되면서 길라드 총리의 '나라(호주) 사랑'이 입증된 것.

그의 구두 한 짝을 시위대가 찾아내 웹사이트에 올려놓은 사진을 보면 안창에 '미다스(MIDAS)' 브랜드가 선명하다. 미다스는 37년 전통의 호주 토종 신발 브랜드. 구두는 남색 스웨이드 웨지힐(앞굽과 뒷굽이 연결된 통굽 구두)로, '찬양하다(Glorify)'라는 이름의 제품이었다. 미다스 홈페이지에서 확인한 가격은 148달러(약 16만 6,000원). 브랜드 이름처럼 '손만 대면 황금으로 만들어주는(미다스)' 영광의 제품은 아니었지만, 그녀의 소탈함을 돋보이게 했다는 평이다. 2010년 호주 역사상 첫 여성 총리가 된 그는 평소에도 자국 디자이너들의 의상을 자주 입어 자국 패션산업 발전에 도움을 주고 있다는 평가다.

옷을 통해 '정치'를 하는 정치인도 늘고 있다. 미국의 퍼스트레이디 미셸 오바마는 남편 버락 오바마의 당선 직후 각종 TV쇼 등 행사에서 미국의 중저가 브랜드인 제이 크루·갭 등을 입어 서민 이미지를 부각했다. 물론 한 자선행사에서 540달러(60만 원)짜리 랑방 운동화를 신어 입방아에 올랐지만, 오바마 당선 후 1년간 미국 패션산업이 누린 경제 효과는 27억 달러에 이른다는 통계도 나올 정도다.

줄리아 길라드 호주 총리가 지난 26일 호주 원주민인 애버리지니 시위대로부터 탈출하는 과정에서 잃어버린 하이힐 한 짝. 이 사진은 호주 원주민 권익운동을 하는 애버리지니 천막 대사관 페이스북에 올라와 있다(애버리지니 천막대사관 페이스북).

영국의 세손빈 케이트 미들턴도 평소에 '톱숍', '직소' 같은 영국 중저가 브랜드 제품을 애용해 서민들의 박수를 받고 있고, 우리나라 김황식 총리도 지난해 직원 중 절반이 장애인으로 구성된 '아름다운사람'이라는 중소기업에서 25만 원짜리 양복을 맞춰 입어 화제가 됐다.

자료: 조선일보(2012년 1월 28일자).

3. 이미지 메이킹의 과정 및 구성 요소

이미지 메이킹에서 가장 중요한 것은 나를 좀 더 나답게 표현할 수 있는 진실된 모습이다. 애써 만드는 것이 아니라 있는 그대로의 나를 제대로 표현하는 것이 바로 진정한 퍼스널 아이덴티티personal identity의 완성인 것이다.

이미지 메이킹 과정의 첫 단계는 현재의 자신을 분석하여 파악하는 일이다. 상대방이 보는 나의 이미지와 보이고 싶은 나의 이미지를 알아본다. 이를 위해서는 이미지 분석 진단지를 작성하거나 사진이나 캠코더 촬영 등과 같은 기자재를 활용한 객관적 분석 방법이 도움이 된다.

위의 과정을 통해 이미지 진단이 이루어지면 장단점을 파악하여 장점을 극대화시키고 단점을 커버할 수 있는 훈련이 필요하다. 이 과정이 바로 이미지 개선이며

패션과 이미지 메이킹

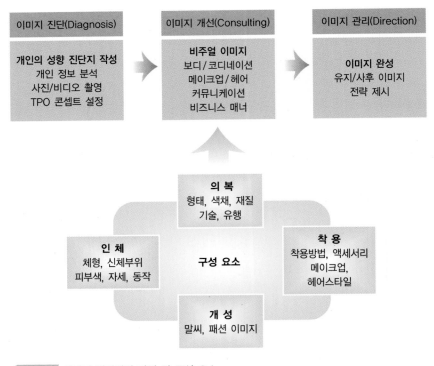

그림 1-7 이미지 메이킹의 과정 및 구성 요소

외모 개선을 중심으로 내면의 자신감까지 이끌어낼 수 있는 과정이다. 자신에게 맞는 컬러 이미지, 보디 타입, 메이크업 등의 시각적 이미지 개선은 물론 비즈니스 매너 및 화법, 표정, 자세 등의 훈련으로 세련된 자아를 만들어 나간다.

이미지 개선을 위해 사용되는 이미지 메이킹의 구성 요소는 크게 의복, 인체, 착용, 개성으로 나누어 볼 수 있다. 우선 인체는 프로포션, 신장, 둘레와 같은 체형과 얼굴 표정, 개성과 관련된 신체부위와 피부색, 그 외에 자세, 동작, 제스처 등을 포함하는 이미지 메이킹을 위한 대상이 여기에 포함된다.

여기에 의복이라는 매개물을 통해 이미지 개선이 이루어진다. 의복은 형태, 색채, 재질, 기술, 유행과 같은 요소들에 의해 인체에 맞는 의복의 특성이 달라지게 된다. 형태는 인체에 착용함으로써 입체감을 형성하여 아름답게 보이게 하며 색채는 계절감, 경중감, 팽창감과 수축 등 배색을 통해 인체의 시각적 착시효과를 가져올 수 있다.

이러한 인체와 의복의 결합은 곧 착용으로 구체화된다. 착용은 연출 방법과 액세서리 코디네이션, 메이크업과 헤어스타일 등 인체에 직접 표현하거나 변형을 가하고, 의복이나 패션 소품 등을 통해 종합적인 비주얼 이미지를 만들어 나간다. 여기에 보디랭귀지, 매너 등의 대화법과 자신만의 스타일을 더한다면 개성 있는 이미지 메이킹은 완료가 된 것이다. 구성 요소들 간의 효과적인 결합은 자신의 외모를 최대한 매력적으로 보이게 하여 긍정적인 자아 정체성을 만들어 준다.

이러한 외적·내적 훈련을 통해 완성된 이미지는 지속적인 관심과 노력이 필요하며 이를 좀 더 긍정적인 결과로 이끌어 내기 위해 지속적인 이미지 전략 제시 및 관리가 요구된다.

이미지 메이킹이라고 하면 겉으로 보이는 외모에 관련된 부분으로만 생각하기 쉽다. 하지만 이미지 메이킹은 내면에서부터 만들어져야 한다. 자신의 본질과 개성을 제대로 상대방에게 보여줄 수 있는 것을 이미지 메이킹이라고 할 수 있다. 따라서 자신이 가진 내면의 모습과 외면의 모습을 관리함으로써 상대방에게 호감을 줄 수 있는 자신만의 향기를 전달하는 것이 필요하다.

새로운 출발을 위한 버전 만들기

[자기 사랑하기] 나와 관련된 모든 것을 있는 그대로 적어 봅시다.

■ 나는 _____, _____, _____ 한 _____ 입니다.

■ 내 키는 _____cm이고, 몸무게는 _____kg입니다.

■ 내 취미는 _____이고, 특기는 _____입니다.

■ 나의 좌우명은 _____입니다.

■ 내가 가장 좋아하는 가수(또는 그룹)는 _____입니다.

■ 내가 가장 좋아하는 노래는 _____입니다.

■ 내가 가장 좋아하는 운동은 _____입니다.

■ 내가 가장 잘 할 수 있는 것은 _____입니다.

■ 내가 좋아하는 것은 _____입니다.

■ 내 외모의 매력 포인트는 _____입니다.

■ 내가 변화되고 싶은 것은 _____입니다.

■ 내가 닮고 싶은 롤 모델(role model)은 _____입니다.

현재의 나의 이미지	내가 닮고 싶은 이미지
사진	사진 ?
외모 말투 태도	외모 말투 태도

나만의 컬러

1. 컬러의 이해

색은 시각을 통해 물리적 대상인 빛과 그에 따른 지각현상으로 정의된다. 물리학적으로는 가시광선 영역이라고 할 수 있으며 물체의 반사광을 통해 색을 지각하게 된다. 색은 디자인에 있어서 가장 분명하고 강하며 자극적인 요소로 가장 먼저 인식되고 끝까지 기억되는 경향이 있으며, 디자인의 요소들 중에서 가장 복잡하고 창조적이며 다양한 요소이다.

색은 의식적이거나 무의식적인 육체적·감정적 반응을 불러일으키며 색에 대한 반응은 즉각적이고 오래 지속되어서 소재나 디자인, 디테일은 잊어버릴지라도 색과 그에 대한 반응은 오래 기억된다. 색에 대한 느낌은 좋다, 싫다, 아름답다 등과 같이 기호적인 면과 생활환경이나 생활체험에 의해 결정된다.

따라서 이와 같이 색에 대한 느낌은 사람에 따라 각기 다르므로 색의 이미지를 이해하는 것은 색을 다양한 방면에 활용하는 데 많은 도움이 된다.

우리가 사용하는 제품, 환경, 소재 등 다양한 영역에서 색채 마케팅으로 기업들이 소비자의 감성을 공략하기 위한 디자인과 상품 개발에 나서고 있다. 세계적인 브랜드 베네통의 색채나 파스텔톤의 색채와 함께 반투명 재질의 부드러운 질감이 느껴지는 소재를 쓴 애플사의 아이맥은 대표적인 성공 사례로 꼽는다.

색채 마케팅이 새로운 트렌드로 부상하면서 IT 업계의 새로운 핵심 경쟁력으로 등장하게 되었다. 휴대폰, MP3 플레이어, 세탁기, 냉장고 등 신제품을 출시할 경우 종전까지는 새롭게 추가된 기능이나 디자인으로 고객의 마음을 사로잡으려고 노력해왔다. 하지만 최근에는 빨강, 파랑, 핑크 등 이른바 '튀는 색상'을 전면에 내세우고 소비자의 관심을 불러일으키고 있다. 이렇듯 디자인 영역에서 감성적인 측면과 함께 중요하게 작용하는 색채를 효과적으로 활용하기 위해서는 색채의 특성과 이미지에 대한 전반적인 지식이 필요하다.

컬러의 분류와 세 가지 속성

색에 의해 육안으로 물체를 지각하고 일차적으로 색의 유무에 따라, 유채색, 무채색으로 구분 짓는다. 무채색은 밝고 어두운 단계에 따라, 즉 명도에 의해 구분되고 유채색은 색의 종류, 밝고 어두운 정도, 색의 농담에 의해 분류된다. 이런 색을 구분 짓는 속성을 색상, 명도, 채도라고 하며 이를 색의 3속성이라고 한다.

색상Hue은 색의 3속성에서 색을 구별하는 것으로 빛의 파장에 따라 빨강, 노랑, 초록 등 색의 성질을 갖고 있는 것을 색상이라고 하는데, 이는 색의 종류를 말한다.

명도Value는 물체의 표면이 빛을 반사하는 정도에 따라 색의 밝고 어두운 정도가 달라지게 된다. 이런 색의 밝기의 정도를 명도라고 한다. 명도 단계는 먼셀 색체계에서 검정색을 0, 흰색을 10으로 정하고 그 사이에 단계를 나눈다.

채도Chroma는 색의 순도의 정도를 말하는 것으로 빛의 파장이 단일 파장일 경우 높은 채도를 나타내고 여러 파장일 경우 낮은 채도로 인지한다. 이러한 색의 맑고 탁함은 유채색에서 나타난다. 채도 단계는 먼셀 색체계에서 무채도의 채도를 0으로 정하고 채도의 증가에 따라 번호를 정한다. 색상에 따라 가장 높은 채도의 번호는 다르게 나타난다.

색에서 고명도, 고채도인 경우 명랑, 쾌활한 느낌을 주며 저명도, 저채도에서는 무겁고 어두운 느낌을 준다. 중명도, 중채도는 온화하고 약한 느낌을 주고 순색인

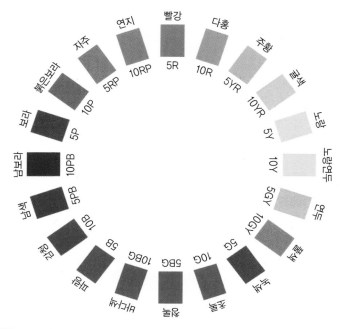

그림 2-1 색상환(한국공업규격)

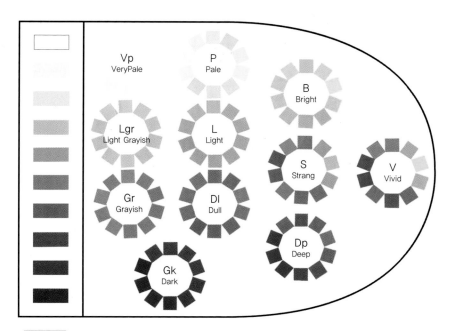

그림 2-2 톤 차트(한국공업규격)

고채도에서는 자주적이며 강한 느낌을 준다.

컬러 이미지

각각의 색들은 색 자체의 고유한 특성을 갖고 있어서, 각 색이 주는 연상과 상징성을 알아보고 그것을 개성적이고 매력있는 이미지로 연출하는 데 활용함으로써 효율적인 이미지 메이킹을 할 수 있을 것이다.

(1) 색상 이미지

레드 레드[red] 색상에서는 태양, 불꽃, 피, 와인, 장미 등이 연상된다. 추상적 이미지는 정열, 활동, 긴장, 건강, 생명, 환희 등이다. 감각과 열정을 자극하는 색으로 에너지를 느끼게 하는 긍정적인 이미지를 갖는 반면, 공격적이며 분노를 상징하기도 하며 유치, 야만, 비속의 이미지이기도 하다.

또한 레드는 불을 상징하므로 위험이나 경고의 이미지를 나타내기도 한다. 심리효과로 레드를 선호하는 사람은 정열적이고 본능적인 욕구를 직선적으로 나타내는 외향적 성격을 가진다. 반면에 충동적이고 시기심이 많으며 감정적으로 치우치는 경향이 있어 타인과 충돌이 잦기도 하다.

레드 계열 색상에는 봄이나 신부의 화사함을 표현하는 핑크[pink], 로즈핑크[rose pink]와 정열적이며 매력적인 여성을 표현하는 대표적인 색상인 스칼렛[scarlet]이 있다.

의상에서는 활동성과 기능성이 요구되는 캐주얼웨어에 많이 사용되고 포멀웨어에서는 강한 이미지를 표현하고자 할 때나 강조색으로 사용되기도 한다. 무채색인 그레이, 블랙, 화이트 등과 코디네이션해주면 강렬하면서도 세련된 이미지로 연출할 수 있다.

메이크업 표현에서 선명한 레드는 중국과 일본의 전통적인 연극 분장인 경극, 가부키에서 주로 표현되고 있으며, 일반적인 메이크업에서는 포인트 색으로 섀도우를 바르거나 또는 입술에 표현해서 강렬하고 섹시한 이미지를 연출할 수 있다.

그림 2-3 레드 이미지

오렌지　오렌지^{orange} 색상에서는 태양, 불꽃, 감, 석양, 귤 등이 연상된다. 추상적 이미지로 활력, 풍부, 우정, 원기, 건강, 유쾌함, 따뜻함 등이 느껴진다. 레드보다는 약하지만 불을 연상시키므로 따뜻하고 활기찬 이미지로 원기 왕성함을 나타낸다. 또한 오렌지는 젊은이의 색상으로 정열적이고 쾌활한 이미지를 주기도 한다. 심리 효과로 오렌지는 식욕을 돋우어 주는 색상이며 사교성과 친절함으로 주위의 사람들에게 인기가 있고 눈에 띄고 싶어 하는 특성을 가진다.

오렌지 계열 색상에는 밝고 고급스러운 느낌의 골든 오렌지^{golden orange}, 신선하고 이국적인 이미지의 탄저린 오렌지^{tangerine orange}가 있다.

의상에서는 강렬한 색상으로 캐주얼웨어, 스포츠웨어에 주로 사용되며 레드, 옐로우와 더불어 하이테크한 에너지를 나타내는 데 효과적이다. 포멀웨어에서는 개방적이며 도시적 세련미를 표현하고자 원피스나 액세서리로 강조하는 코디네이션 방법이 효과적이다.

그림 2-4 오렌지 이미지

봄에는 옐로우, 그린과 더불어 봄의 역동적인 이미지로 상큼하게 표현해서 로맨틱하고 귀여운 메이크업으로 연출한다. 가을에는 브라운과 더불어 풍성하고 따뜻한 이미지로서 우아하고 세련된 메이크업으로 눈매를 깊이 있게 표현해 준다.

옐로 옐로yellow 색상은 태양(빛), 개나리 등이 연상된다. 추상적 이미지로 호기심, 가벼움, 행복, 주의, 경고, 경솔 등이 있다. 빛을 나타내는 에너지를 상징하며 명랑하고 생동감 있는 이미지를 나타낸다. 반면에 경박해 보이거나 창백한 이미지로 약하고 신경질적으로 보여지기도 한다. 옐로 색상을 선호하는 사람은 긍정적이고 새로운 것에 대한 모험심이 강한 성격의 소유자이다. 옐로 색상은 신맛이나 매운맛을 느끼게 한다. 옐로 계열 색상 중 레몬 옐로lemon yellow, 선플라워sunflower, 시트론 옐로citron yellow 등은 신선하고 상큼한 느낌을 주어 시선을 집중

그림 2-5 옐로 이미지

시키는 역할을 한다. 깨끗한 이미지에서 즐거움을 줄 수 있으므로 실내 인테리어, 소품, 액세서리에 폭넓게 활용된다.

의상에서는 젊은층의 캐주얼웨어, 스포츠웨어에 주로 활용하며 시각적으로 강하게 표현되는 색상으로 레인코트에도 적합하다. 화려한 여성스러움을 연출시 원피스를 활용해서 파격적인 이미지로 시선 집중의 효과를 극대화할 수 있다. 메이크업은 일반적으로는 그린, 오렌지와 함께 로맨틱하고 귀여운 이미지로 연출하며, 환타지 메이크업에서는 꽃문양, 불꽃 등의 표현에 사용하여 강렬한 효과를 나타낸다.

그린 그린green 색상에서는 잔디, 산, 야채 등이 연상된다. 추상적 이미지로 침착, 건강, 안정, 지성, 성실 등이 있다. 자연을 상징하는 색상으로 희망과 평화를 나타내는 평온함의 이미지이다. 젊음과 생명의 상징으로 신선하고 파릇한 새싹을

그림 2-6 그린 이미지

나타낸다. 그린을 선호하는 사람은 온화하고 예의 바르며 사회성이 좋은 사람이다. 분쟁을 싫어하며 희생정신이 강한 평화주의 성격의 소유자이다.

그린 계열 색상에는 자연 친화적인 느낌이 강하므로 건강을 상징하는 이미지를 표현하고자 사용하는 올리브olive, 프레시 그린fresh green, 애플 그린apple green 등이 있다.

의상에서는 다양한 연령층에서 활용되고 있지만 주로 젊은 층이 선호한다. 단색은 지루해 보일 수 있으므로 인접 색상과 배색하면 효과적이다. 자연 친화적인 색으로 안정감과 침착한 이미지로 편안한 스타일의 캐주얼웨어로 연출해준다.

메이크업은 자연을 상징하는 대표적인 색이므로 옐로와 함께 상큼한 로맨틱 이미지로 연출하고, 다크 그린과 함께 표현할 경우에는 모던한 이미지로 깊이 있는 메이크업을 해 준다.

그림 2-7 블루 이미지

블루 블루blue 색상은 바다, 하늘 등이 연상된다. 추상적 이미지로는 고요, 정적, 신비, 냉정, 영원 등이 있다. 고요하고 신비로움을 상징하고, 젊음으로서 이지적이고 희망을 상징하는 이미지이다. 반면에 차가운 색상으로 냉정함, 우울, 고독함을 상징하기도 한다. 블루 색상을 선호하는 사람은 개방적이고 활기차며 창조적인 성격의 소유자이며 논리적이며 현실적인 사람이다. 반면에 자칫 독선적이고 폐쇄적인 사고로 빠질 우려가 있는 사람이다.

블루 계열 색상에는 차가우면서 세련된 이미지의 아쿠아aqua, 스카이 블루sky blue, 영국 황실을 대표하는 귀족스런 느낌의 로얄 블루royal blue 등이 있다. 의상에서 블루는 밝은 색상으로 여름을 대표하는 의상으로 사용된다. 리조트웨어로 사용되며 화이트와 배색하면 한층 더 시원한 느낌으로 연출된다. 단정하며 도시적인 세련미를 표현하기 위해서는 다크 블루의 포멀웨어를 활용하면 효과적이다.

메이크업은 시원한 여름에 주로 많이 사용되며 블루 색상 한 가지로 표현해서 캐주얼한 이미지로 메이크업해 준다. 다크 블루와 함께 도시적인 세련미를 모던한 이미지로 깊이 있게 표현하기도 한다.

퍼플 퍼플^{purple} 색상은 포도, 라벤더 등이 연상된다. 추상적 이미지로 신비, 우아, 화려, 고상함으로 나타나는 반면 외로움, 슬픔, 정서불안 등의 이미지도 있다. 또한 예민한 감수성과 예술적인 감각을 나타내기도 한다. 퍼플을 선호하는 사람은 열정적이고 낭만적인 성향으로 예술에 관련된 직업을 가진 사람들이 많다. 퍼플 색상은 경제적인 부의 상징과 신앙심을 나타내기도 한다.

　퍼플 계열 색상에는 귀족적이며 신비스런 이미지의 대표적인 색상이 라벤더^{lavender}, 바이올렛^{violet}이 있다. 의상에서 퍼플은 관능적으로 표현하고자 할 때 주로 사용되며, 드레스로 우아하고 여성스런 이미지로 연출한다.

　파티나 화려한 장소에 어울리는 메이크업 색상이며 주로 드레스 의상에 많이

그림 2-8 퍼플 이미지

사용한다. 우아하고 성숙한 이미지를 표현하기 위해 깊이 있고 강렬하게 메이크업을 한다.

브라운 브라운brown 색상은 흙, 대지, 토기, 단풍, 곡식을 연상시킨다. 추상적 이미지로 소박, 보수적, 침착 등이 있다. 민속적인 전통과 따뜻한 이미지로 풍성한 가을을 상징하며 안정감을 준다. 심리효과로 정신적인 안정감이 있고 따뜻함을 느낄 수 있으며 브라운을 좋아하는 사람은 책임감이 강하고 외향적이다.

　브라운 계열 색상에는 심리적으로 안정감을 주며 세련된 이미지로 다양한 영역에서 활용되는 베이지beige, 아이보리ivory, 오크ocher 색상이 있다. 의상에서 브라운은 수수하고 검소한 이미지의 색으로 중후한 분위기로 연출하는 데 효과적이다. 생동감이나 역동감이 부족하나 블랙 또는 선명한 색으로 포인트를 주어 생명감을 줄 수 있다. 메이크업 표현은 일반적으로 옐로, 오렌지와 함께 주로 포

그림 2-9 브라운 이미지

인트 색상으로 많이 사용하며 우아한 엘리건트elegant 이미지로 표현하고, 화이트와 함께 사용해서 모던한 이미지로 메이크업하기도 한다.

화이트 화이트white 색상은 웨딩드레스, 눈, 병원 등을 연상시킨다. 추상적 이미지로 청결, 순결, 순수, 고귀, 신성, 결백 등이 있다. 깨끗함과 순결의 상징으로 평화를 나타낸다. 화이트는 고독감을 유발하고 화이트를 좋아하는 사람은 주위를 의식하는 사람으로서 완벽한 이상을 추구하고자 하는 성향이 있다.

의상에서는 청결, 순결, 순수의 상징적인 의미로 인해 예복과 로맨틱함과 환상적인 이미지로 드레스에 주로 사용된다. 단색 하나로 연출해서 심플하면서도 디자인에 따라 화사하게 표현되며 블랙으로 배색해서 모던한 느낌으로 연출하기도 한다.

메이크업에서 화이트는 가장 광범위하게 사용되는 색상으로 새도우의 가장

패션과 이미지 메이킹

그림 2-10 화이트 이미지

기본이 되며, 얼굴의 전체적인 입체감을 살리고자 할 때 사용한다.

블랙 블랙^{black} 색상은 흑장미, 숯, 상복을 연상시킨다. 추상적 이미지로 밤, 어두움, 불안, 공포, 죽음, 권위, 허무 등이 있다. 블랙을 좋아하는 사람은 자신의 감정을 억압하고 솔직하지 못하며 우울한 성격의 소유자이다.

블랙은 부정적인 상징이 강함에도 의상에 많이 사용되며 부분 액세서리로 사용해서 강조의 역할을 한다. 다른 색과 배색해서 선명하고 강렬한 이미지로 표현할 수 있으며 가장 포멀한 의상으로 연출해서 차분하고 엄숙한 이미지를 연출한다.

메이크업에서는 다른 색과 조합해서 모던한 이미지나 깊이 있는 눈매를 표현할 때 가장 많이 사용하며 환타지 메이크업에서는 아방가르드한 이미지나 악마적인 이미지로 표현할 때 사용한다.

그림 2-11 블랙 이미지

(2) 톤 이미지

명도, 채도를 하나의 개념으로 묶어서 표현한 것으로서 색의 이미지를 더욱 쉽게 전달하고자 한 것이다. 다양하고 복잡하게 전개되는 패션과 메이크업에 나타나는 이미지를 효율적으로 설명할 수 있는 용어이다. 산업자원부에서 개발한 색체계에서는 톤을 선명한vivid, 강한strong, 밝은bright, 맑은pale, 연한very pale, 흐릿한light grayish, 은은한light, 탁한grayish, 차분한dull, 진한deep, 어두운dark 등 11개로 분류하고 있다.

화려한 톤 채도가 가장 높고 선명한 색조vivid, strong로서 화려한, 명쾌한, 강한, 자극적인 이미지 표현에 적합하다. 대담한 표현과 자유분방함을 강조하는 스타일, 자극적인 메시지 전달에 효과적이다. 여름철 의상과 활동적인 의상에 효과적으로 사용한다. 메이크업에서는 아트적이거나 이미지 메이크업으로 주로 활용하

그림 2-12 화려한 톤(vivid, strong)

고 뷰티 메이크업에서는 부분적인 포인트 색상으로 사용한다.

밝은 톤 순색에 화이트를 가미한 밝은 색조^{bright, pale, very pale}로서 신선한, 명랑한, 건강한, 부드러운, 섬세한 이미지 표현에 적합하다. 온화한 여성스런 이미지와 로맨틱한 이미지를 나타낸다. 꿈과 희망을 주는 효과가 있으며 부드러운, 가벼운 이미지의 톤으로 색 자체가 부드럽기 때문에 반대색을 배색해도 강한 느낌이 없으므로 고급스러운 배색 효과로 표현해주는 것도 효과적이다. 메이크업에서는 부드러운 이미지로 표현되거나 소녀적인 이미지로 표현할 때 많이 활용한다.

수수한 톤 비비드 톤에 그레이가 가미된 색조^{light grayish, light, grayish, dull}로서 색이 마치 햇빛에 바랜 것처럼 보여 흐릿하고 환상적이며, 차분한 이미지를 표현한다. 충실한, 원숙한 느낌을 주므로 중후하고 고급스러운 이미지로 표현된다. 무

그림 2-13 밝은 톤(bright, pale, very pale)

그림 2-14 수수한 톤(light grayish, light, grayish, dull)

그림 2-15 어두운 톤(deep, dark)

난하면서 대중적인 이미지로 소박하고 검소하면서 그레이 색상이 주는 도시적인 이미지 표현에도 효과적이다. 메이크업에서도 수수하면서 자연스런 이미지로 표현되고 한색 계열은 모던한 이미지로 표현된다.

어두운 톤 어둡고 무거운 색조^{deep, dark}로서 어두운, 수수한, 남성적인, 견고한, 무거운 이미지로 엄숙함을 표현한다. 화려함이 없고 소박한 느낌이 강하며, 각 색상 간에 구별이 강하게 나타나지 않으므로 다색의 배색도 효과적이다. 비즈니스 웨어에 적합한 색으로 사용된다. 느낌이 강하게 드러나지 않아 둔하고 침착하고 고풍스러운 이미지로 일반적으로 베이직 상품에 효과적이다. 메이크업은 강한 이미지인 도발적이고 섹시한 이미지로 표현하며, 아트 메이크업에서도 많이 활용되는 톤이다.

컬러의 시각적 효과

색채의 시각적 효과는 어떤 색채가 공간과 주변의 색채와 어떤 형태 속에서 제시되는 방법에 따라 다르게 보이는 현상이라고 할 수 있다. 특정한 목적에 따라 시각적인 주목성을 높이고자 할 때, 또는 암시적인 느낌을 전달하고자 색을 이용한다.

(1) 따뜻한 색 / 차가운 색

색에서 따뜻함과 차가움은 색의 세 가지 속성 중에서 색상에 주로 영향을 받으며 난색, 한색, 중성색으로 나눌 수 있다.

색은 빛의 파장이 긴 쪽이 따뜻하게 느껴지고, 파장이 짧은 쪽이 차갑게 느껴진다. 연두, 녹색, 보라, 자주 등은 때로는 차갑게, 때로는 따뜻하게도 느껴질 수 있다. 이러한 색상들은 중성색이라고 한다.

난색인 빨강, 주황, 노랑은 따뜻한 느낌을 주며 자극적이고 흥분시키는 색이다. 한색인 남색, 파랑, 청록은 시원하고 차가운 느낌이 나며 안정적이고 침착하게 하는 색이다. 중성색인 연두, 녹색, 보라, 자주, 무채색은 따뜻함이나 차가움을 느끼게 하지 않는다.

비즈니스맨은 상황에 따라 수트를 착용할 필요가 있을 것이다. 바이어와의 미팅이 있는 경우에 한색 계열의 수트를 연출한다면 침착하고 지적인 이미지로 그 미팅을 성공적으로 이끌어 나갈 수 있다.

(2) 진출색 / 후퇴색

진출색은 앞으로 튀어나와 보이는 색으로 따뜻한 색, 고명도, 고채도, 유채색이다. 후퇴색은 뒤로 물러나 들어가 보이는 색으로 차가운 색, 저명도, 저채도, 무채색이다. 색의 진출과 후퇴에는 주로 색상의 차이가 영향을 미친다.

실내 인테리어에서 좁은 공간을 넓은 공간으로 보여지도록 진출색을 효과적으로 사용하면 공간감을 살릴 수 있다.

(3) 팽창색 / 수축색

팽창색은 따뜻한 색, 고명도로 실제 크기보다 팽창해서 커보이는 색이다. 수축색은 차가운 색, 저명도로 실제 크기보다 수축해서 작아 보이는 색이다.

코디네이션 제안 시에 뚱뚱한 체형이나 마른 체형의 결점을 보안하는 데 팽창색과 수축색이 효과적으로 사용될 수 있다.

(4) 무거운 색 / 가벼운 색

중량감에 가장 큰 영향을 미치는 것은 명도로 명도의 차이가 무게감의 차이로 나타난다. 난색 계열은 가벼운 느낌, 한색 계열은 무거운 느낌을 주는 경향이 있다. 명도가 높고 밝은 색은 부드럽고 경쾌하고 가벼운 느낌을 주며, 명도가 낮고 어두운 색은 가라앉은 중압감과 무거운 느낌을 준다.

같은 사물이라도 위쪽이 가벼운 느낌의 색이고 아래쪽이 무거운 느낌의 색일 때는 안정감을 느끼며 이와는 반대일 때는 불안정한 느낌을 준다.

공사현장에서 작업부의 연장을 높은 명도의 색채로 만들면 시각적으로 가벼운 느낌이 나서 일의 능률이 향상될 것이다.

(5) 딱딱한 색 / 부드러운 색

고채도, 어두운, 차가운 색은 딱딱한 느낌을 주는 경향이 있으며 저채도, 밝은, 따뜻한 색은 부드러운 느낌을 준다. 주로 채도가 이러한 경연감의 주된 요인이다.

생활 용품의 디자인 개발실에서 제품의 사용 용도와 특성에 따라 색의 경연감을 디자인에 활용한다면 제품의 질을 높일 수 있을 것이다.

(6) 흥분색 / 진정색

난색 계열의 고채도 색인 경우 심리적으로 흥분감을 유도하며, 한색 계열의 저채도 색인 경우 심리적으로 진정되는 느낌을 주게 된다.

밝고 선명한 색은 원기 왕성하고 활발한 운동감이 있으며 어두운 색은 가라앉은 분위기를 만들어 내어 차분함을 느끼게 한다.

정신과 질환이 있는 환자를 대상으로 흥분색과 진정색의 특성을 활용해서 푸른 방에는 흥분된 환자를, 붉은 방에는 우울증 환자를 입원시켜 치료하면 효과적일 것이다.

2. 퍼스널 컬러 찾기

퍼스널 컬러 시스템은 개인에게 어울리는 색을 진단하는 시스템으로 널리 알려져 있다. 퍼스널 컬러의 개념은 20세기 초 미술조형학교인 바우하우스 스쿨Bauhaus School의 요하네스 이텐 교수에 의해서 컬러 분석이 시작되어 1928년에 미국의 로버트 도우에 의해 실내 인테리어 용도로서 기본 톤의 분석에 의해 배색 제안이 시작되었다.

리네 라프가 컬러 단계를 정립해서 화장품 회사에 제안하게 되고 수잔 카질에 의해 1940년에 피부색, 모발색, 눈의 색으로 퍼스널 컬러를 결정하는 시스템을 개발하게 되었다. 다이아나 방스의 패션 아카데미에서 교재로 출간되면서 퍼스널 컬러를 사계절에 대응시키는 방법이 제안되었다. 그 후 캐롤 잭슨의 『Color me beautiful』(1984)이라는 저서를 통해 대중화되기 시작했다.

퍼스널 컬러는 색의 기본 톤에 근본을 두고 있으며, 이때 색의 기본 톤이란 전체의 색조에서 느껴지는 공통된 색의 배합을 일컫는다. 전체적으로 푸른색 기운이 느껴지는 블루 베이스, 노란색 기운이 느껴지는 옐로 베이스라고 하며 이것을 피부색에 적용을 해서 퍼스널 컬러의 분석이 시작된다.

미국에서는 피부의 기본 톤을 중심으로 사계절에 대응시켜 퍼스널 타입을 분류한 것이 시즌 컬러 시스템Seasonal Color System으로 봄, 여름, 가을, 겨울 등의 타입으로 분류하고 있다.

일본에서는 1980년대에 시즌 컬러 시스템이 도입되었으나 다인종에 대응한 시스템이므로 단일인종인 일본인에게 그대로 적용하기에 여러 가지 문제점이 발생하여 1990년대에 들어서 일본인 진단용으로 새롭게 정리한 퍼스널 컬러 시스템이 등장하였다.

기본 톤을 블루 베이스blue base, 옐로 베이스yellow base 그리고 중간 베이스 컬러인 노 베이스no base를 도입한 시스템인 Three Base Color System을 개발하여 사용하고 있다.

한국에서는 1990년대에 도입되어 시즌 컬러 시스템이 주로 사용되고 있으나 일본에서 주로 사용하고 있는 동양인에게 대응되는 Three Base Color System도 빠르게 확산되고 있는 추세이다.

퍼스널 컬러는 피부색을 건강하게 보이는 컬러를 일컫는다. 자연스런 인상을 주는 조화로운 색으로 객관적으로 보아 건강하게 보이는 색이라고 할 수 있다. 그래서 퍼스널 컬러의 진단 목적은 개인의 어울리는 색, 즉 건강하게 보이는 색을 진단 시스템을 통해 찾는 것이다.

개인의 피부색, 모발색, 눈동자색을 기준으로 퍼스널 컬러를 진단해서 패션에 적용함으로 아름다운 스타일을 연출하는 데 활용할 수 있을 것이다.

Three Base Color System

퍼스널 컬러를 진단하는 데 기본이 되는 것이 우선 피부의 기본 톤을 분석하는 것으로 피부색에서 푸른색 기운이 느껴지는 블루 베이스, 노란색 기운이 느껴지는 옐로 베이스 그룹으로 크게 나누어진다.

3단계 기본 컬러는 피부의 기본 톤을 블루 베이스, 옐로 베이스 그리고 노 베이스joint color, newtral shade 등으로 칭하기도 함로 분류해서 분석하는 시스템이다.

(1) 피부색

피부색은 헤모글로빈, 카로틴, 멜라닌 등 3개의 색소로 구성되어 피부색을 결정한다. 멜라닌 색소에 의해 주로 결정이 되며 헤모글로빈이 많으면 붉은색을 띠고 적으면 창백하다. 정맥혈이 정체되면 청색을 띠거나 검게 보이고 표피의 멜라닌이 증가하면 황갈색 또는 갈색으로 보인다. 카로틴이 많으면 노란색을 띠게 된다. 한국인의 피부색상은 6.5YR을 중심으로 5~7.5YR의 범위에 있으며 명도는 6~8YR 범위에 분포하고 있다.

옐로 베이스 피부색은 따뜻한 컬러warm shade color로서 오렌지 기미의 건강한 오클계 피부이다. 블루 베이스 피부색은 차가운 컬러cool shade color로서 푸른 기미의 피부색으로 붉은 기미가 없다. 노 베이스 피부색으로는 블루 베이스와 옐로 베이스의 중간적인 내추럴계의 피부이다.

(2) 모발색

모발색은 인종에 따라 다양한 색이 있지만 멜라닌 색소가 많고 적음에 따라 색상이 달라진다. 멜라닌 색소는 모발을 착색시키고 두피를 과도한 자외선으로부터 보호하는 중요한 역할을 한다. 모발은 1개월 동안 1.5~2cm 정도 자란다.

동양인의 경우 블랙, 브라운, 그레이로 피부색에 비해 간단히 분류할 수 있다.

옐로 베이스의 모발색은 옐로에서 오렌지 계열까지 브라운색의 전반적인 색상이며 블루 베이스의 모발색은 기본적으로 블랙이고 단단한 모질로 광택이 있는 새까만 머리카락이다. 노 베이스의 모발색으로는 블랙과 브라운의 중간 정도이며 매우 검지도 않은 와인계열의 머리카락이다.

표 2-1 피부색과 모발색

베이스 타입	피부색	모발색	
블루 베이스			
옐로 베이스			
노 베이스			

패션과 이미지 메이킹

(3) 눈동자색

퍼스널 컬러에서 눈동자색은 홍채색을 말하며 홍채에도 멜라닌 색소가 있어 빛과 자외선을 차단하는 역할을 한다. 홍채가 이완하거나 수축함에 따라 동공의 크기가 변하고 망막에 도달하는 빛의 양이 달라진다. 백인종은 청색이나 회색 등 다양한 색상이 존재하지만, 한국인은 블랙, 짙은 브라운, 브라운 계열이 많으므로 눈동자색은 크게 고려하지 않아도 된다.

(4) 색의 대비

주로 피부색과 모발색과의 명도차로 상대적으로 결정되며 대비는 얼굴색 뿐 아니라 얼굴 구조에 따라서도 퍼스널 컬러의 톤을 결정하는 요인이 된다. 일반적으로 피부색이 밝고 모발색이 검을수록 명도차가 커지고 대비는 높아지고, 눈이 큰 사람과 눈썹이 진한 사람은 약간 대비가 높다고 할 수 있다. 즉, 피부색, 모발색과 질감, 눈의 특징을 고려한 후에 대비를 결정해서 퍼스널 컬러를 진단한다.

대비의 정도에 따라 라이트, 비비드, 그레이시, 다크 등 네 가지 타입으로 나뉘어진다.

라이트light 타입은 부드러운 이미지로 명도차가 적고 대비 낮으며 비비드vivid 타입은 얼굴색 희고 머리색은 진한 색으로 명도차가 크고 대비가 크다. 그레이시grayish 타입은 대비가 그다지 없는 라이트 타입과 비비드 타입의 중간 단계로 광택 없는 회색의 중명도이며 탁하고 칙칙하다. 다크dark 타입은 그을린 피부색과 모발색이 깊이가 있고 어두워 보이고 명도차가 별로 없으며 중간보다 대비가 높은 편이다.

표 2-2 대비와 PCCS(일본색체계)와의 관계

대 비	이미지	PCCS 대응 톤
라이트	밝은	p / lt
그레이시	칙칙한	sf / ltg / d / g
다크	어두운	dp / dk / dkg
비비드	선명한	b / s / v

(5) Three Base Color 타입

피부색과 모발색의 대비에 따라 Three Base Color 타입이 결정된다. 세 가지 피부 베이스인 옐로 베이스, 블루 베이스, 노 베이스와 대비의 정도에 따라 나눈 네 가지 타입인 라이트, 그레이시, 비비드, 다크 등의 타입이 있다.

표 2-3 Three Base Color 타입

타 입	블루 베이스 노란 기미의 색상은 피함 실버 계열의 액세서리	옐로 베이스 푸른 기미의 색상은 피함 골드 계열의 액세서리	노 베이스 블루 베이스, 옐로 베이스 둘 다 활용
라이트 타입	• 컬러 코디네이션 : 파스텔 계열의 밝은 푸른 기미가 있는 색 • 메이크업 컬러 : 블루 베이스 기본 메이크업, 파스텔계 펄이 들어간 것 • 액세서리 : 실버의 섬세한 디자인	• 컬러 코디네이션 : 파스텔 계열의 밝은 노란색 기미가 있는 색 • 메이크업 컬러 : 베이지, 오렌지색 계열 • 액세서리 : 부드러운 골드	• 컬러 코디네이션 : 파스텔 계열의 밝은 색 위주로 블루 베이스, 옐로 베이스의 라이트 타입으로 연출
그레이시 타입	• 컬러 코디네이션 : 블루 베이스 색상, 수수한 색상과의 조합 • 메이크업 컬러 : 블루 베이스 색상을 기본으로 한 내추럴 메이크업 • 액세서리 : 매트한 실버 제품	• 컬러 코디네이션 : 중후한 소프트 컬러와 에스닉한 색상 • 메이크업 컬러 : 베이지, 브라운 계열 • 액세서리 : 매트한 골드	• 컬러 코디네이션 : 부드러운 색 위주의 블르 베이스와 옐로 베이스의 그레이시 타입으로 연출
비비드 타입	• 컬러 코디네이션 : 대비가 큰 것이 잘 어울림 • 메이크업 컬러 : 블루 베이스 색상 기본, 약간 진한 색을 사용하거나 눈을 강조하는 메이크업 • 액세서리 : 광택 있는 실버 제품, 볼륨 있는 액세서리	• 컬러 코디네이션 : 선명한 색, 오렌지 계열과 대비가 큰 색상 • 메이크업 컬러 : 오렌지색을 중심으로 밝게 보이는 색상 • 액세서리 : 광택감 있는 골드	• 컬러 코디네이션 : 비비톤 중심의 밝은 색과 어두운 색의 대비가 강한 연출
다크 타입	• 컬러 코디네이션 : 검정색과 어두운 색상의 조합 • 메이크업 컬러 : 블루 베이스 색상, 깊이 있는 와인색 계열 • 액세서리 : 금속성 실버 제품, 투명감이 있는 액세서리	• 컬러 코디네이션 : 깊이 있는 옐로 베이스, 브라운 계열 색상 • 메이크업 컬러 : 오렌지, 브라운 계열의 다크 톤 • 액세서리 : 깊이감이 있는 골드	• 컬러 코디네이션 : 다크톤의 깊이감 있는 색상

퍼스널 이미지 메이킹

라이트

비비드

그레이시

다크

그림 2-16 Three Base Color 타입별 이미지

시즌 컬러 시스템

퍼스널 컬러를 진단하는 또 하나의 방법으로 시즌 컬러 시스템Seasonal Color System이 있다.

시즌 컬러Seasonal Color를 진단하는 데 기본이 되는 것은 우선 피부의 기본 톤을 블루 베이스, 옐로 베이스 그룹으로 분류해서 그 기본 톤을 중심으로 봄spring, 여름summer, 가을autumn, 겨울winter 등의 타입으로 나누어 분석한다.

(1) 봄 타입

봄 타입spring type은 귀엽고 경쾌하며 발랄한 활기 넘치는 젊은 이미지로 머리색과 피부색이 밝은 사람으로 옐로 베이스에 속한다.

피부색은 매끄럽고 밝고 투명하며 피부가 대체적으로 얇아 주근깨 등의 잡티가 나타나며 아이보리, 황색의 베이지, 복숭아색 등이 있다. 모발 색상은 밝은 브라운으로 윤기가 나고 부드럽고 가늘다. 눈동자색은 그린, 밝은 브라운 등이며 눈동자가 반짝이는 빛이 나는 눈이다.

옐로의 기본이 되는 난색계열과 신선한 색, 즉 선명한 비비드색과 밝은 파스텔색이 어울리며, 화이트와 블루의 느낌을 지닌 찬 색과 무겁고 칙칙한 색상은 피한다.

그림 2-17 봄 타입

(2) 여름 타입

여름 타입summer type은 다소 차가우면서도 부드럽고 친절하며 온화한 여성스런 이미지로 블루 베이스에 속한다.

피부색은 핑크빛이 나며 다소 붉은 피부가 많아 대체적으로 중간색이나 어두운 피부가 많으며 핑크색, 장미빛 나는 화이트, 블루 베이지, 검붉은색 등이 있다. 모발색은 윤기가 없고 건조하며 가는 머리로서 밝은 명도의 블론드, 다크 브라운 등의 색이다. 눈동자색은 부드러운 브라운이 많아 여성스럽고 부드러운 느낌을 주는 연한 그레이 계열의 블루 아이, 소프트 브라운, 다크 브라운 등이다.

부드럽고 차가운 느낌을 주는 핑크 계열의 튀지 않는 파스텔색, 부드러운 스카이 블루 등이 어울린다.

그림 2-18 여름 타입

(3) 가을 타입

가을 타입autumn type은 황색빛 위주의 가라앉고 차분한 느낌을 주며 따뜻하고 부드럽고 성숙된 이미지로 세련되고 깊이가 있다. 풍요로운 이미지로 수수하고 클래식한 이미지의 침착한 사람으로 옐로 베이스에 속한다.

피부색은 황색빛의 차분한 피부톤으로 오렌지, 브라운 등이며 모발색은 다크 브라운, 붉은 광택의 블랙이다. 눈동자색은 브라운, 다크 브라운, 블랙 등이다.

어울리는 색은 옐로계의 색조가 기본이고 차분하고 깊이 있는 색이며, 차가운 색상과 선명한 색상은 피하는 것이 좋다.

그림 2-19 가을 타입

(4) 겨울 타입

겨울 타입winter type은 푸른빛을 지닌 색으로 선명하고 강하면서 가라앉은 느낌을 주는 색이 주를 이루고 대비가 강하다. 맑고 강렬한 이미지로 도시적이고 개성적이며 드라마틱한 사람으로 블루 베이스에 속한다.

피부색은 희고 푸른빛을 지니고 있어 차갑고 창백해 보이는 피부로서 블루 베이지, 다크 로즈 베이지, 엷은 핑크의 화이트 등이 있다. 모발색은 블랙, 실버 그레이 색상이고 눈동자는 다크 브라운, 블랙, 블랙 브라운 등이다.

차가운 색상으로 화이트와 블루를 기본으로 대비가 강한 색과 블랙, 화이트가 잘 어울린다.

그림 2-20 겨울 타입

나만의 타입 찾기

---

1 나의 얼굴피부를 컬러 칩 색상과 비교해서 체크해 봅시다.

- 블루 베이스

- 옐로 베이스

- 노 베이스

---

2 나의 모발색을 컬러 칩 색상과 비교해서 체크해 봅시다.

- 블루 베이스

- 옐로 베이스

- 노 베이스

---

3 나의 얼굴피부와 모발색의 대비 관계를 분석해서 Three Base Color System의 타입 중에서 어떤 타입인지 알아봅시다.

- 라이트

- 그레이시

- 비비드

- 다 크

Part 2

이미지 메이킹의
구성

1. 얼굴형

얼굴의 형태를 분류하는 방법에는 얼굴의 윤곽선을 기준으로 분류하는 방식이 있으며 이렇게 분류할 경우 타원형, 둥근형, 삼각형, 역삼각형, 긴형, 사각형, 마름모형 등으로 나뉜다. 일본의 카마타^{Kamata}의 연구에 따르면 사람의 얼굴은 선천적 또는 후천적으로 여러 가지 특징을 갖고 있으며 이러한 얼굴의 특징을 파악하여 이목구비의 위치에 따라 내심형內心形, 외심형外心形, 상심형上心形, 하심형下心形, 상방심형上方心形, 하방심형下方心形 등 여섯 가지 형태로 분류한 방법이 있다.

표 3-1 얼굴형

얼굴 윤곽에 의한 분류	카마타의 분류
• 타원형 얼굴 윤곽이 부드러운 곡선을 나타내며 각진 부분이 없다.	**• 이상적인 얼굴** 얼굴 전체에 힘이 들어간 곳이 없이 편안한 인상이다.
• 둥근형 얼굴의 길이와 폭이 유사한 형태로 얼굴 윤곽이 둥글고 볼에 살집이 많고 평면적으로 보이는 얼굴이다.	**• 내심력 얼굴** 이목구비가 얼굴의 안쪽으로 모인 형태로 무엇인가에 집중하거나 고민을 갖고 있으면 얼굴 중앙으로 힘이 모인다. 뚱뚱해지기 쉽다.
• 사각형 이마가 넓고 헤어라인과 양쪽 턱이 각이 진 형태로 볼에 살이 없어 강인한 느낌의 얼굴이다.	**• 외심력 얼굴** 이목구비가 얼굴의 바깥쪽으로 퍼져 있는 상태로 실망이나 힘이 빠진 상태가 지속되면 힘이 밖으로 향한다. 마른 체형이 되기 쉽다.
• 삼각형 이마 폭이 좁고 얼굴의 아래 부분에 살이 찐 형태로서 중년 여성의 얼굴에서 주로 많이 나타난다.	**• 상심력 얼굴** 이목구비가 얼굴의 위쪽으로 치우쳐 있는 상태로 두뇌노동을 주로 많이 하는 사람으로 이마에 힘이 집중되어 있다. 몸이 딱딱해지고 근육질이 되기 쉽다.
• 역삼각형 이마는 약간 넓고 양쪽 턱선이 좁은 형태이다. 현대의 미인형으로 세련된 이미지로 보여진다.	**• 하심력 얼굴** 이목구비가 얼굴의 아래쪽으로 쳐져 있는 상태로 인내를 계속하다 보면 이빨을 깨문 형태가 된다. 체형이 작아지기 쉽다.
• 긴 형 얼굴 폭에 비해 얼굴의 길이가 긴 형태이며 이마와 턱이 길다. 어른스럽고 고전적인 얼굴이다.	**• 하방심력 얼굴** 이목구비의 끝이 아래로 쳐진 형태로 비관적인 사람으로 참는 형태이다.
• 마름모형 이마와 양턱이 좁고 광대뼈가 돌출된 형태로서 주로 마른 사람에게 많이 볼 수 있으며 날카로운 인상을 준다.	**• 상방심력 얼굴** 이목구비의 끝이 위로 올라간 형태로 화를 잘 내는 사람으로 감정적이기 쉽다.

사상체질별 대표얼굴 공개

과학적 대표 얼굴 최초작성 '내 얼굴은?

사상체질별 대표얼굴이 공개됐다. 연구팀은 지난 2010년 개발한 자체 사상체질 진단 도구와 전문가 진단 일치도를 기준으로 체질별 얼굴을 합성했다.

한국한의학연구원 김종열 박사 연구팀은 1월 12일 사상체질별 대표얼굴을 만들어 공개했다. 연구팀은 전국 23개 한의대 및 한방병원과 협력해 구축한 사상체질 표준 샘플 DB인 체질정보은행 임상체질 정보 2,900여 개 증례의 얼굴 사진정보를 활용, 대표얼굴을 만들었다.

태음인은 얼굴이 넙적하고 눈이 편평하며 코가 크고 코 폭도 넓은 것이 특징이다. 소음인은 인상이 유순하고 얼굴 폭이 좁고 갸름한 모양이며 눈꼬리가 약간 처진 곡선형이다. 또 코 폭이 좁으며 코가 아래로 처진 편이다. 소양인은 눈 끝이 올라간 경우가 많고 이마가 돌출됐으며 상하로 넓은 편이다. 태양인은 눈이 빛나며 이마가 넓다. 인상이 강하고 귀가 발달했으며 머리가 크다.

연구팀은 이번 체질별 대표얼굴 이미지가 체질 진단 정확도 향상에 기여할 것으로 보고 있다.

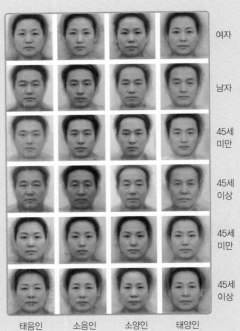

여자

남자

45세 미만

45세 이상

45세 미만

45세 이상

태음인　소음인　소양인　태양인

자료: 뉴스엔(2012년 01월 12일자).

2. 헤어스타일

헤어스타일 선택은 얼굴의 형태를 가장 중요하게 고려해야 할 사항이다. 타원형을 기준으로 얼굴형의 단점을 보완하고 장점을 드러낼 수 있는 헤어스타일로 연출하는 것이 효과적이다.

반면, 특정한 상황에서는 본래의 얼굴 형태를 강조한 헤어스타일을 연출하여 시선을 집중시키는 효과를 의도적으로 줄 수 있다. 효과적인 연출방법은 타원형으로 보이기 위해 실제의 얼굴형이 타원형 안에 속하는 곳에 머리 부피를 많이 두고 타원형 밖에 속하는 곳에는 머리 부피를 최소화하는 것이 좋다. 이 한 가지 기본 지침이 모든 스타일에서 적용되고 있다.

여성 헤어스타일

타원형 자연스런 균형을 유지하는 것이 중요하며 자칫 개성이 없어 보일 수 있기에 연령에 따라 효과적으로 연출해준다.

헤어스타일은 특별히 길이감이 없도록 자연스런 스타일로 연출한다. 얼굴 양쪽을 강조하거나 느슨하게 땋는 것도 좋다.

타원형 여성은 길이감이 강조되는 목걸이, 귀고리, 스카프 등의 액세서리만 피하면 대체적으로 잘 어울린다. 의상의 네크라인은 터틀넥, 롤칼라가 잘 어울리며 앞이 깊이 파인 네크라인은 피해준다.

둥근형 동그랗고 넓어 보이는 얼굴을 수정해서 전체적으로 길어 보이도록 연출한다.

헤어스타일은 이마 앞부분을 높이든지 얼굴 양옆을 가리는 스타일로 연출하는 것이 효과적이다. 머리 길이가 너무 길다든지 너무 짧아도 좋지 않다.

액세서리는 세로감이 있는 것과, 넓지 않고 각이 있는 것이 효과적이다. 의상의 네크라인은 V네크라인이나 깊게 파인 네크라인을 선택해서 샤프한 이미지를 주도록 연출한다.

사각형 턱 선이 각이진 얼굴이므로 부드럽게 느끼도록 연출하는 것이 좋다.

헤어스타일 연출은 길이 감이 있는 헤어스타일로서 턱 부분 이하로 내려오는 것이 효과적이고, 정수리 부분에 볼륨을 주고 앞부분에 웨이브를 주어 약간 부드럽게 처리한다.

액세서리는 너무 튀는 형은 피해주고 부피감과 넓이 감이 강한 것도 피한다. 의상의 네크라인은 V네크라인이나 U네크라인이 잘 어울리며 턱 선의 딱딱함을 부드러운 라인의 칼라collar로 부드러운 이미지로 연출하는 것이 효과적이다.

역삼각형 이마는 넓고 턱 선은 날카로우므로 상, 하 부분의 균형을 살리고 턱을 부드럽게 처리해 주는 것이 효과적이다.

헤어스타일 연출은 가급적 턱까지 내려오는 머리형이나 어깨까지 오는 긴 머리가 효과적이고 이마가 훤히 들어나는 것은 피해준다.

액세서리는 세로로 길이감이 강한 느낌의 액세서리는 피한다. 의상의 네크라인은 라운드 형태의 부드러움을 강조하는 네크라인으로 연출한다.

긴형 긴 얼굴을 부드럽게 처리해 주기 위해 세로의 느낌보다 가로의 느낌을 살려주는 형태로 연출한다.

헤어스타일은 어깨를 덮는 긴 헤어스타일은 피하는 것이 좋고, 단발형도 무난하게 어울리며 가급적 가르마는 피하는 것이 좋다.

액세서리 연출은 목에 가깝게 있는 목걸이는 피하고, 길이 감이 없는 부착형 귀고리가 효과적이다. 의상의 네크라인은 완만한 곡선형 네크라인이 잘 어울리며 부드러워 보이는 칼라와 여성적인 이미지로 연출한다.

마름모형 턱 선이 날카롭고 광대뼈가 돌출되어 이미지가 강하기 때문에 각을 부드럽게 하고 뺨의 넓이를 좁혀주어 부드러운 이미지로 연출한다.

헤어스타일은 앞이마보다 양쪽 이마 부분을 살짝 살려주는 것이 효과적이다.

액세서리 연출은 스카프를 활용하여 각진 느낌을 완화시켜준다. 의상은 라운드 형태의 부드러움을 강조하는 네크라인으로 연출한다.

남성 헤어스타일

둥근형 얼굴 세로의 길이감을 살려 줄 수 있는 헤어스타일을 연출한다. 앞부분부터 정수리에 걸쳐 위로 볼륨을 주고 옆머리는 무스나 젤을 발라 귀 뒤로 붙여줌으로써 얼굴이 갸름하게 보이도록 한다. 의상의 네크라인은 V네크라인이나 깊게 파인 네크라인을 선택해서 샤프한 이미지를 주도록 연출한다.

사각형 딱딱한 턱 선에 의해 위압감을 주기 쉬우므로 부드러운 인상으로 만들어준다. 양쪽 머리에 살짝 볼륨을 주어 전체를 둥글게 하고 약하게 웨이브를 주거나 옆머리로 귀를 반쯤 덮어준다. 이와 함께 앞머리를 시원스럽게 드러내 시선을 위로 끌어올리도록 한다. 의상의 네크라인은 V네크라인이나 U네크라인이 잘 어울리며, 부드러운 라인의 칼라를 활용하는 것이 효과적이다.

역삼각형 이마가 넓고 턱이 뾰족한 얼굴은 지나치게 날카로워 보일 염려가 있다. 이마를 머리로 많이 가리게 되면, 턱 선이 강조되어 보일 수 있으므로 주의한다. 이마를 드러내거나 윗머리를 풍성하게 하면 머리가 강조되어 두상이 커보이므로 주의한다. 의상의 네크라인은 라운드 형태의 부드러움을 강조하는 네크라인으로 연출한다.

긴형 얼굴 세로의 길이감이 강조되어 보이는 형태로서 얼굴 가로의 폭을 넓혀줄 수 있는 스타일로 연출한다. 머리 정수리 부분을 낮게 하고, 머리카락을 이마 아래로 살짝 늘어뜨려 준 다음 앞머리는 옆으로 빗고 옆머리는 볼륨을 주는 형태로 연출한다. 의상의 네크라인은 완만한 곡선형 네크라인이 잘 어울리며 각이지지 않은 부드러운 칼라를 활용한다.

표 3-2 얼굴형과 헤어스타일

얼굴형		여 성		남 성	
얼굴형의 경향	타원형과 비교	이상적인 연출	극대화된 연출	이상적인 연출	극대화된 연출

자료 : Visual Design in Dress.

3. 메이크업

메이크업이란 신체를 아름답게 표현하기 위한 수단이라고 할 수 있으며 선천적인 자신의 용모를 그 시대 문화권 내의 미의 기준에 적합하도록 수정·보완해서 꾸며주는 일이다. 각 개인이 지닌 개성을 아름답게 표현하고 단점을 보완하는 작업을 흔히 뷰티 메이크업이라고 한다.

일반적으로 메이크업은 원활한 사회적 활동과 임무 수행 및 대인관계에 도움을 주며, 개인이 지니고 있는 개성을 TPO에 적합하도록 연출해서 좋은 이미지를 형성하는 것을 목적으로 한다.

원시 인류가 최초로 행했을 법한 메이크업의 형태는 의복을 착용하기 이전의 나체 상태에서 피부에 페인팅painting을 하거나 문신scar을 하는 형태일 것이다. 흔히 문신하면 일반적으로 타투tatto를 가리키는 것으로 알고 있으나, 고대에는 신체에 인위적인 상흔을 내는 일련의 행위를 뜻했다. 오늘날의 메이크업은 바로 그 원시적 행위에서 비롯되었다고 볼 수 있다. 남성, 여성 모두가 그들의 외모를 타인에게 아름답게 보이기 위한 수단으로 활용하였다.

메이크업을 통한 미에 대한 인간의 본능은 현대에 와서 더욱 많은 관심과 필요성이 강조되었다. 따라서 메이크업 제품과 테크닉에 대한 이해가 호감 있는 이미지 연출을 위한 기초 작업이 될 것이다.

화장품의 종류

얼굴은 외부로부터 끊임없는 변화와 더위, 먼지, 세균, 자외선 등으로 어느 피부보다도 민감한 반응을 나타낸다. 이러한 외적 조건의 변화에서 피부를 최대한 방어하고, 피부를 청결히 보호하고 수분과 유분을 보충해서 정상적인 건강한 피부를 만들기 위해 사용하는 화장품을 기초 화장품이라 한다. 그리고 외모를 아름답게 꾸밈으로써 개인의 개성과 아름다움은 물론 자신의 신분 또는 이미지를 나타내주는 화장품을 색조 화장품이라 한다. 또한 향을 즐기는 목적으로 향수가 있고, 모발

표 3-3 화장품의 종류와 사용 방법

화장품의 종류	사용 방법
메이크업 베이스 (make-up base)	• 피부의 피지를 억제하여 피부색을 조절하고 파운데이션의 밀착감을 증진시키고 메이크업의 지속성을 높인다. • 붉은 얼굴은 녹색 계열, 검은 얼굴은 청색 계열, 생기 없는 얼굴은 보라색 계열로, 건강한 얼굴로 표현할 때는 갈색 계열, 화사한 얼굴로 표현할 때는 핑크 계열을 선택한다. • 종류 : 젤 타입, 리퀴드 타입, 크림 타입 등이 있다.
파운데이션 (foundation)	• 유분과 수분, 색소의 양과 질, 제조 과정에 따라 여러 종류로 분류되며 피부의 질감, 피지 분비량 등에 따라 선택한다. • 피부에 맞는 색상과 질감을 주어 피부를 아름답게 보이게 하고, 피부의 결점을 커버하고, 자외선과 외부의 자극으로부터 피부를 보호한다. • 균일한 피부 색조로 형성하여 부분 메이크업의 색감과 효과를 높여준다. • 종류 : 펜슬 타입, 안티스틱, 스틱 타입, 리퀴드 타입, 크림 타입, 케이크 타입 등이 있다.
파우더 (powder)	• 파운데이션의 미끄럼과 번들거림을 방지하며 대기 중의 오염으로부터 피부를 보호하여 지속성을 높인다. • 블루밍(blooming) 효과로 화사함과 우아함을 더해준다. • 종류 : 분말형(loose powder)과 고형(compact powder)이 있다.
아이섀도우 (eye-shadow)	• 눈매에 색상과 음영을 주어 전체적으로 얼굴에 입체적인 포인트를 주는 것을 목적으로 사용한다. • 아이섀도우를 선택할 때에는 피부색, 개인의 이미지색, 메이크업 테마, 조명 등을 고려해서 결정한다. • 종류 : 밀착력은 우수하나 지속성과 색의 중첩 효과를 얻을 수 없는 크림 타입과 색의 중첩 효과가 뛰어나고 지속성이 우수한 케이크 타입, 크림 타입과 케이크 타입의 중간 형태인 크리미(creamy) 타입이 있다.
아이라이너 (eye-line)	• 눈의 윤곽을 뚜렷이 하고 매력적인 눈의 형태로 만들어준다. • 아이섀도우 화장 후 눈을 뚜렷하고 선명하게 표현해주며 동양인들은 주로 블랙색과 브라운색을 사용하며 테마에 따라 여러 가지 색상을 사용하기도 한다.
마스카라 (mascara)	• 속눈썹에 칠해서 눈에 깊이감을 주고 눈썹을 짙고 길어 보이도록 한다. • 눈화장의 완성도와 입체감을 높인다.
눈썹 펜슬 (eyebrow pencil)	• 눈썹의 형을 다듬고 눈썹을 짙게 하는 목적으로 사용한다. • 펜슬 타입이 사용이 편리하며 케이크 타입은 눈썹브러쉬로 자연스럽게 표현한다.
립스틱 (lipstick)	• 눈화장과 조화되는 색조 화장의 완성 단계로서 입술색과 입술형을 매력적으로 할 뿐 아니라 입술의 건조를 방지한다. • 색상을 선택할 때에는 연령, 인종, 건강 상태, 기호, 유행 등을 참고로 하여 결정한다.

(계속)

화장품의 종류	사용 방법
립스틱 (lipstick)	• 립스틱 색상은 볼 화장 색상과 동색, 유사색 계열을 선택하여 조화를 이룬다. • 로즈 계열은 화려함과 생동감을, 와인 계열을 매혹적이고 정열적인 이미지, 오렌지 계열은 젊음과 발랄함, 퍼플 계열은 현대적 이미지, 핑크 계열은 상냥하고 귀여운 이미지를 준다. • 종류는 대부분 스틱형이고 그 외 연필형, 크림형, 액상 등이 있다.
치 크 (cheek)	• 볼에 사용하여 얼굴에 입체감을 주고 건강한 혈색을 표현한다. • 종류는 고형, 크림 상태의 제품이 있다. • 고형 타입은 발랐을 때 자연스러워 보이며 피부 감촉이 촉촉하고 내수성이 좋다. • 핑크는 여성적 이미지, 브라운은 지적 이미지, 오렌지는 활동적인 이미지를 연출한다.

의 건강을 위한 두발 화장품 등 머리부터 발끝까지 건강과 아름다움을 목적으로 사용되는 모든 제품을 화장품이라 한다.

메이크업 제품으로는 피부를 표현해 주는 것으로 피부색 보정과 자외선 차단을 목적으로 하는 메이크업 베이스와 파운데이션이 있고, 피부의 유분과 파운데이션의 지속력을 높이는 파우더가 있다. 눈 메이크업으로 사용하는 제품으로는 눈썹을 표현하는 눈썹 펜슬과 아이섀도우, 아이라이너, 마스카라 등이 있으며 입술 메이크업으로 사용하는 립스틱과 립글로스, 립밤 등이 있다. 마지막으로 볼터치를 이용해서 얼굴 전체에 혈색을 부여해주는 제품까지, 그 외에도 여러 가지 기능을 가진 메이크업 제품들이 출시되고 있다.

피부표현 테크닉

얼굴의 형태를 수정하는 방법은 파운데이션의 색상으로 조절해 준다. 얼굴에 입체감을 주기 위해 주로 자신의 피부색보다 2단계 정도 밝은 색을 사용해서 밝게 highlight 표현해 주고 2단계 정도 어두운 색으로 어둡게shading 표현해서 얼굴 윤곽을 수정한다.

표 3-4 피부 표현 방법 (········ 하이라이트, ── 새딩)

얼굴형		피부 표현	눈썹 표현	볼터치
둥근형		통통한 얼굴을 타원형으로 보이게 하기 위해서는 세로의 길이 감을 주도록 한다. T-존 부위를 밝게 표현하고 양 볼의 측면을 어둡게 처리해서 T-존 부위를 돌출시켜 눈, 코, 입 등을 부각시켜 평면적인 둥근 얼굴을 입체감 있는 얼굴로 변화시킨다.	둥근 얼굴에 이상적인 눈썹의 형태는 둥근 느낌을 온화시킬 수 있게 눈썹 산의 형태를 각진 형으로 표현해주는 것이 바람직하다. 개성이 없는 이미지가 샤프한 이미지로 바뀔 수 있을 것이다.	볼터치의 형태는 사선의 방향으로 날카롭게 표현해서 둔한 느낌을 없애주도록 한다.
삼각형		양쪽 턱 부분을 어둡게하고 T-존 부위를 밝게 해서 얼굴의 중심 부분이 돌출되게 표현한다.	약간 사선형의 눈썹을 길게 표현하고 눈 화장을 강조해서 턱 부분에서 시선이 멀어지게 표현해 주는 것이 효과적이다.	양쪽 턱에 살이 많은 형태이므로 귀 쪽으로 넓게 펴 발라준다.
역삼각형		좁은 턱 선을 부드럽게 해주는 방법으로 넓은 이마 양옆을 어둡게 표현하고 양쪽 아래턱 선에 밝게 표현해서 볼이 풍성하게 보이도록 한다.	턱이 좁기 때문에 사선형의 눈썹으로 표현해 주어 좁은 턱 선을 시원스럽게 표현해서 세련된 이미지로 나타낸다.	코끝을 향해 광대뼈 약간 위쪽에서 발라준다. 턱 선이 날카롭기 때문에 부드럽게 표현하도록 한다.
마름모형		광대뼈가 강조되지 않게 주의해서 표현하도록 한다. 이마와 양 턱에 밝게 해서 턱 선을 부드럽게 하고 양볼 위쪽에 어둡게 표현해서 튀어나온 광대뼈를 약하게 보이도록 해준다.	사선형의 눈썹으로 표현해서 고집스런 이미지가 여유롭게 보이도록 한다.	광대뼈를 중심으로 넓게 펴 발라 부드럽게 보이도록 해준다.
사각형		얼굴 전체가 각이진 형태이므로 얼굴을 부드럽게 표현해 주어야 한다. 넓은 이마와 각이진 턱 선을 어둡게 표현해서 둥글게 해주고 얼굴 중앙 부분을 밝게 표현해서 얼굴폭이 좁아 보이도록 한다.	얼굴 전체가 각이 져있으므로 눈썹 산을 둥글게 그려주어 전체 인상이 부드럽게 해준다.	턱 선이 넓고 각이 져 있으므로 귀 쪽을 향해 넓게 펴 발라 부드럽게 표현해준다.
긴형		긴 이마와 턱을 어둡게 처리하고 T-존 부위를 밝게 표현해서 긴 얼굴의 지루함을 경쾌하게 표현한다. 노즈섀도우로 코 선이 짧게 보이도록 표현한다.	긴 얼굴을 짧게 보이도록 하기 위해서는 가로의 직선형의 눈썹 형태로 그려준다.	눈썹과 마찬가지로 가로의 느낌으로 조금 폭넓게 발라준다.

메이크업 수정 테크닉

성형수술을 하지 않은 다음에야 타고난 생김새를 어찌할 수 없겠지만 메이크업으로 라인을 보정하고, 입체감을 살려 주면 누구나 개성 있는 아름다움을 누릴 수 있다.

(1) 눈의 형태

큰 눈인 경우 귀여운 이미지를 갖는 경우도 있지만 어리숙하고 얼굴에 균형이 흐트러지는 이미지를 줄 수 있으므로 메이크업 포인트로 짙은 색상의 섀도우는 피하고 아이라인은 브라운 색상의 펜슬을 이용해 약하게 표현한다.

작은 눈인 경우 고집스럽고 답답한 이미지를 나타내므로 시원스럽고 세련된 이미지로 표현하는 것이 효과적이다. 메이크업 포인트로 눈이 커보이도록 눈 앞머리쪽에 아이라인을 진하게 그려주고 꼬리 쪽은 약하게 표현해서 시선을 흐트려준다.

눈꼬리가 올라간 눈은 날카롭고 사나워보이는 이미지이므로 눈꼬리를 내려주어 부드러운 이미지로 변화시킨다. 메이크업 포인트로서 섀도우는 따뜻한 색상을 선

큰 눈인 경우
속눈썹 사이를 메꾸듯이 아이라인을 긋는다.

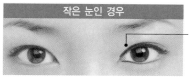

작은 눈인 경우
눈 앞머리를 진하게 아이라인을 긋는다.

눈꼬리가 올라간 경우
눈 앞머리에 짙은 색 섀도우와 아이라인을 진하게 긋는다.

눈꼬리가 처진 경우
눈꼬리쪽을 살짝 올려 주면서 아이라인을 긋는다.

눈 사이가 먼 경우
눈 앞머리에 짙은 색상과 아이라인을 진하게 긋는다.

눈 사이가 가까운 경우
눈꼬리쪽에 짙은 색 섀도우와 아이라인을 긋는다.

그림 3-1 눈 수정 방법

택해서 눈 앞머리는 짙은 색으로 하고 눈 중앙과 눈꼬리 쪽은 엷은 색으로 표현하고 언더라인에 수평으로 섀도우를 펴 바른다. 아이라인은 눈 앞머리 쪽은 강하게 눈꼬리 쪽은 약하게 표현해 주도록 한다.

눈꼬리가 처진 눈은 우울해 보이며 비관적인 성격의 소유자인 것 같이 보이는 이미지이므로 밝은 성격의 이미지로 변화를 준다. 메이크업 포인트로 섀도우 색상은 차가운 색상을 선택해서 눈 앞머리에서 눈꼬리 쪽으로 갈수록 살짝 올리듯이 펴 발라준다. 아이라인도 같은 형태로 표현해 준다.

눈 사이가 먼 형태인 경우는 의지가 약해 보이고 순한 이미지로서 야무지고 강직한 이미지로 변화를 준다. 메이크업 포인트로 눈 앞머리 쪽에 짙은 색상의 섀도우를 사용하고 눈꼬리 쪽은 엷은 색상을 활용해서 양쪽 눈을 가운데로 모아주는 효과를 준다.

눈 사이가 가까운 형태는 답답하고 이해심이 부족하게 보이는 이미지로, 시원스러운 이미지로 변화를 준다. 메이크업 포인트로 섀도우는 눈 앞머리 쪽을 엷은 색상으로, 눈꼬리 쪽은 짙은 색상으로 표현해서 눈 사이의 거리를 떨어져 보이게 한다.

(2) 입 술

얇은 입술은 소심해 보이기 쉬우며 적극성이 결여되어 보이므로 입술을 전체적으로 확장시켜 활발하고 적극적인 이미지로 연출한다. 하지만 입술은 과도한 수정을 하게 되면 단점이 더욱 부각되고 인위적으로 보이므로 1mm 정도로 늘이거나 줄이는 것이 가장 효과적이다. 그래서 얇은 입술은 1mm 정도 밖으로 입술 라인을 그려주고 좀더 밝은 색으로 안을 채워준다. 입술이 강조되지 않도록 입술 색상과 유사한 색이나 약간 옅은 색상을 선택하여 부드럽게 표현한다.

두꺼운 입술은 둔하게 보이므로 입술을 축소시켜 야무지고 당당한 이미지로 연출한다. 입술 라인이 보이지 않도록 파운데이션으로 감춘 다음 1mm 정도 안으로 입술 라인을 그려준 후 짙은 색으로 안을 채워준다. 립글로스나 펄이 있는 립스틱은 두꺼운 입술을 강조하게 되므로 피하는 것이 좋다.

구각이 처진 입술은 생기가 없고 나이 들어 보이기 때문에 입술 양끝을 조금만

1mm 정도 입술라인 안쪽으로 입술을 그린다. 입술선은 완만하게 해주고 유감적으로 표현한다.	1mm 정도 입술라인 밖으로 입술을 그린다. 포근하고 지적인 느낌으로 표현한다.	입술라인을 그릴 때 입끝을 1mm 정도 살짝 올려그린다.	립스틱 색상보다 약간 짙은 색상으로 입술라인을 그려준 후 립스틱을 바른다.

그림 3-2 입술 수정 방법

올려 그리면 훨씬 생동감 있는 입술이 연출된다. 이때 구각을 너무 올리면 부자연스러우니 주의해야 하며, 입술라이너로 입술선을 그릴 때 입술 양끝을 1mm 정도 위로 그리고 윗입술은 안쪽으로 구부러지게 그린 다음 브러시로 라인을 펴 준 다음 립스틱을 깔끔하게 발라준다.

선명하지 않은 입술라인은 인상이 불분명해 보일 수 있으므로 좀 더 다부진 인상을 원한다면 입술라이너와 함께 화이트 펜슬이나 화이트 섀도우를 이용해 본다. 립스틱 색상보다 약간 진한 입술라이너로 먼저 입술라인을 그려준 다음 립스틱을 바른다. 립스틱을 바른 다음 화이트 펜슬로 입술라인 위를 가볍게 그려준다. 화이트 펜슬이 없다면 화이트 섀도우를 작은 브러시에 묻혀 발라주어도 좋다.

(3) 코

코 길이가 긴 경우에는 T-존의 하이라이트를 콧등의 1/2선에서 연해지도록 표

	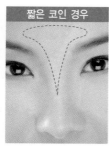		
콧등의 하이라이트를 콧등의 1/2선에서 연해지도록 표현한다.	콧등의 하이라이트를 2/3선에서 연해지도록 표현한다.	하이라이트는 생략하고 콧망울을 어둡게 표현한다.	콧등에 하이라이트를 주고 양 코벽을 어둡게 표현한다.

그림 3-3 코 수정 방법

다양한 메이크업 테크닉

■ 기미 잡티가 많은 피부-푸른색 베이스와 스틱 파운데이션

원래 피부가 희더라도 희게 화장해서 기미를 감추려 하면 실패하기 쉽다. 피부톤보다는 약간 짙은 톤으로 화장해서 기미를 확실하게 커버해 준다.

- 1단계 : 푸른색 톤의 메이크업 베이스를 발라서 잡티를 진정시켜준다.
- 2단계 : 피부색보다 한 단계 어두운 색의 리퀴드 파운데이션을 고루 펴 바른다.
- 3단계 : 기미가 특히 심한 부분에 스펀지를 사용해 스틱 파운데이션을 발라준다.

■ 노랗게 떠서 혈색이 없는 얼굴-보라색 베이스와 파우더 파운데이션

노란 피부의 사람은 피부색을 환하게 표현하는 데 중점을 두도록 해서 혈색을 주기 위해 립스틱이나 아이섀도우를 진하고 밝고 화사한 색으로 사용한다.

- 1단계 : 보라색 메이크업 베이스를 펴 발라 주어 피부의 노란 기미를 없애준다.
- 2단계 : 눌러준다는 기분으로 얇게 파우더를 발라 유분을 흡수시킨다.
- 3단계 : 피부 톤보다 약간 밝은 파우더 파운데이션을 사용하여 화사하게 표현한다.

■ 눈가에 주름이 깊게 팬 건성 피부-화이트 베이스와 리퀴드 파운데이션

잔주름을 커버하기 위해 파운데이션을 두껍게 바르면 오히려 주름을 뚜렷하게 만들 수 있기 때문에 눈 주변에 펄이 들어간 메이크업 베이스와 아이섀도우를 사용, 시선을 분산시켜서 팽팽해 보이게 한다.

- 1단계 : 펄이 약간 함유된 화이트 메이크업 베이스를 발라주어 잔주름을 숨겨준다.
- 2단계 : 중간 색상 리퀴드 파운데이션을 주름이 두드러지지 않도록 얇게 펴 바른다.
- 3단계 : 특히 주름이 심한 부분에는 스펀지를 이용해서 눈가에 가볍게 두드려주면 서 피부에 밀착시킨다.

■ 여드름 자국이 많고 까무잡잡한 피부-초록색 베이스와 컨실러

여드름 자국이 있는 지성 피부는 화장이 두꺼워지지 않도록 주의해서 유분이 없는 리퀴드 타입 파운데이션을 사용하고 T-존 부위에 하이라이트를 주어 얼굴이 화사해 보이게 해준다.

- 1단계 : 여드름 자국이 있고 붉은 기가 있는 지성 피부는 녹색 메이크업 베이스로 피부 톤을 진정시켜 준다.
- 2단계 : 컨실러로 흉터 부분을 커버해 준 다음 피부 톤보다 한 톤 밝은 컨실러로 두드리면서 피부에 밀착시켜 준다.
- 3단계 : 수분 함량이 높은 파운데이션을 가볍게 발라준다.

현해 주고, 코의 길이가 짧은 경우에는 하이라이트를 콧등의 2/3 지점에서 없어지도록 표현한다.

코가 클 경우에는 하이라이트는 사용하지 않고 코의 끝부분을 어둡게 처리하여 작게 보이도록 하고 코가 작은 경우에는 코의 양벽에 어두운 색으로 발라주고 콧등에 하이라이트를 준다. 최대한 그라데이션을 시켜 자연스러운 연출이 되도록 하는 것이 바람직하다.

4. 피 부

이상적인 피부란 피부결이 부드럽고, 탄력이 있으며, 윤기가 있어 촉촉하고, 피부 톤이 균일하며 밝은 피부를 일컫는다. 얼굴의 이목구비는 평범해도 아름다운 피부를 가졌다면 그것만으로도 시선을 끌 수 있다. 이렇듯 피부를 관리하고 유지하는 것이 얼마나 중요한지 알 수 있을 것이다. 그러므로 이 장에서는 아름다운 피부를 관리하기 위해 피부에 대한 기본적인 구조와 피부의 유형에 대한 각각의 관리법에 대해 살펴보기로 한다.

피부 구조

우리의 몸에서 피부는 신체를 둘러싸고 있는 중요한 하나의 기관이다. 피부는 물 70%, 단백질 25%, 지질 2%, 미네랄 0.5%, 기타 2%로 구성되어 있다. 피부는 체내의 모든 기관을 외부 자극으로부터 지켜주고, 또 촉각이나 통각 등의 감각을 인식하고, 체온을 일정하게 유지하도록 한선이나 피지선의 분비를 조절하며, 호흡, 항체 작용 등의 각종 기능을 담당하고 있다. 피부는 대체로 두꺼운 부위와 얇은 부위로 나누어 볼 수 있는데, 가장 얇은 곳은 눈꺼풀과 고막이며 가장 두꺼운 부분은 손, 발바닥이다. 또한 피부의 무게는 체중의 약 16%를 차지한다.

육안으로 볼 때 피부는 평평하고 단순한 구조를 가진 듯 하나 현미경으로 관찰하면 대단히 복잡한 그물 모양의 구조로 되어 있다. 피부의 색은 피부 조직 중에 포

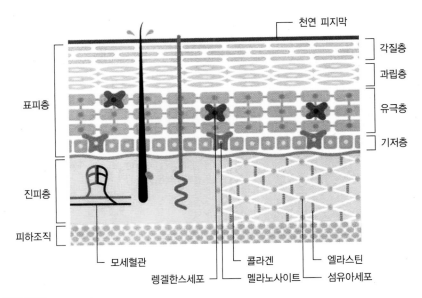

천연 피지막

각질층

과립층

유극층

기저층

표피층

진피층

피하조직

모세혈관

렝겔한스세포

콜라겐

멜라노사이트

엘라스틴

섬유아세포

그림 3-4 피부 조직

함되는 멜라닌 색소나 헤모글로빈, 카로틴 등의 양과 진피 내 혈관의 혈액상태에 의해 정해진다. 가장 영향을 많이 주는 것은 색소세포(멜라노사이트) 내에서 생성된 멜라닌 색소이다.

그 구성은 표면으로부터 표피epidermis, 진피dermis, 피하조직hypodermis으로 구성된다. 피부 각 층의 두께는 표피 0.07~2mm, 진피 0.3~3mm이며 피하조직의 두께는 피하지방의 양에 의해 결정되고 부위, 연령, 인종, 영양 상태에 따라 차이가 크다. 그 밖에 피부의 부속기관으로 손, 발톱, 털, 땀샘, 피지선 등이 있다.

피부의 유형

건강하고 아름다운 피부를 갖기 원한다면 반드시 자신의 피부를 정확히 알고 있어야 한다. 자신의 피부 상태를 파악하지 못한 채 피부 관리를 한다면 피부 트러블을 초래할 수 있다. 피지 분비량에 따라서 유형을 분류하게 되는데 대부분 정상 피부, 건성 피부, 지성 피부, 복합성 피부로 나누어진다. 피부의 유형을 결정하는 요인으로는 유전, 피부색, 모발의 상태, 모공과 피지의 분비량, 노화의 정도, 계절, 기

후, 정신적 스트레스, 임신 등이 있다.

(1) 정상 피부

가장 이상적인 피부로 피부 조직과 피부의 생리 기능들이 모두 정상적인 활동을 하고 있으며, 유분과 수분의 적절한 균형으로 표피의 색소 침착이나 잡티가 별로 나타나지 않는 피부를 말한다.

또한 피부결이 깔끔하고 피부 표면이 매끄러우며 유분과 수분의 양이 적당함으로 피부가 촉촉하고 윤기가 있다. 피부 저항력이 강하며 피부 탄력이 있고 세안 후 끈적거림이나 당김이 없다. 모공이 작고 눈에 잘 띄지 않지만 계절과 건강 상태에 따라 피부가 변할 수 있다.

(2) 건성 피부

건성 피부는 유분과 수분의 불균형에서 생기며 유분과 수분이 모두 부족한 상태이다. 피부가 노화되면서 발생하기도 하지만 여러 가지 환경적인 요소가 원인이 되기도 한다. 일반적으로 건성 피부의 형태를 보면 유분이 부족한 건성 피부, 수분이 부족한 건성 피부, 노화에 의한 건성 피부 등으로 나타난다.

피부가 얇고 저항력의 부족으로 쉽게 손상되고 노화가 빨리올 수 있으며 입 주위나 눈 주위에 잔주름이 쉽게 생긴다. 세안 후 아무 것도 바르지 않으면 심하게 당기고 각질이 자주 일어나서 버짐이 생기기도 한다. 이러한 경우 피부가 거칠고 모공이 작으며 피부에 윤기가 없어 화장이 잘 뜬다.

(3) 지성 피부

피지선의 기능이 필요 이상으로 촉진되어 정상보다 과다한 피지가 분비됨으로써 피부 표면이 늘 번들거릴 정도가 된 피부 상태를 말한다. 지성 피부는 선천적인 경우가 많고 수면 부족, 스트레스, 불규칙한 식습관 등의 원인으로 지성 피부가 되기도 한다.

표 3-5 피부 유형에 따른 관리 방법

피부타입 / 관리법	지성 피부	건성 피부	복합성 피부
	모공관리전략	보습전략	T-존 관리전략
케어포인트	• 피지를 줄이고 모공은 수축시킴 • 각질 제거하고 수분 공급	• 과도한 클렌징은 피하고 유분과 수분을 공급	• 얼굴 부위별로 화장품을 달리 사용
세안	• 철저한 이중 세안 • 오일프리 제품 사용 • 각질 제거를 위한 딥클렌징을 주2회 정도 실시	• 로션, 리퀴드 타입의 클렌징 사용으로 피부 자극을 최소화	• 이중 세안을 하되 T-존 부위는 세심하게 해줌 • T-존 부위만 피지 제거 팩
스킨케어	• 피지 컨트롤 제품과 모공수축 토너 사용	• 보습 위주의 화장품 사용 • 눈가, 입가에 전용크림 사용	• T-존 부위는 유분이 적은 화장품, 나머지는 보습용 화장품 사용
스페셜케어	• 진흙팩 • 피지 제거에 효과적인 케어 포인트-스팀타월한 후 마사지	• 크림 타입의 수분팩	• 영양크림으로 마사지 • 카모마일팩, 머드팩, 맥반석팩

각질층의 두께가 두껍고 표피가 번들거리며 끈적임이 있어 피부가 투영감이 없고 칙칙해 보인다. 더워지면 피부의 번들거림이 심해지고 화장이 잘 받지 않는다. 모공이 커서 여드름 등의 피부 트러블을 유발시킨다.

(4) 복합성 피부

복합성 피부란 얼굴 부위에 따라 서로 다른 피부 유형이 나타나는 것을 말한다. 대체적으로 T-존 부위는 지성 피부면서 나머지 부분은 건성 피부의 특징을 나타낸다. 복합성 피부는 피지 분비량의 불균형으로 생기며 민감성 피부에서 흔히 볼 수 있다.

T-존 부위에 기름기가 많고 양 볼과 눈 주위가 건조해서 세안 후 심하게 당긴

다. 피곤하거나 스트레스를 받으면 여드름이 자주 발생하며 광대뼈 부위에 기미가 생기고 눈가에 잔주름이 많이 나타난다.

계절과 피부

계절이 바뀔 때마다 피부는 민감해진다. 계절의 변화에 민감하게 반응하는 피부에 대해 미리미리 알고 대처한다면 건강하고 아름다운 피부를 오랫동안 유지할 수 있을 것이다.

(1) 봄

봄철의 피부 상태는 불안정하다. 거칠고 건조해져서 각질이 생기고 버석거리며 기미, 주근깨 등의 색소성 질환으로 잡티가 두드러지게 나타난다. 외부활동도 많아지고 햇볕도 강해져 광선 알레르기가 생기고 꽃가루와 먼지에 의한 알레르기도 생기기 쉽다. 기온의 상승으로 인한 피지 분비가 증가해서 여드름과 뾰루지가 생기기 쉽다.

(2) 여 름

신진대사가 활발해져 피지와 땀의 분비가 많아져서 쉽게 더러워지고 화장도 쉽게 지워진다. 흐르는 땀의 영향으로 피부의 저항력이 약해짐으로 피부는 탄력을 잃어 모공이 늘어지게 된다. 땀의 분비, 잦은 세안, 냉방, 자외선 등의 영향으로 피부는 건조해지고 주근깨와 잡티가 많아지게 된다.

(3) 가 을

여름철의 강한 자외선을 받은 피부는 각질이 딱딱하고 두꺼워져서 피부결이 매끄럽지 못하고 투명감도 없다. 피지 분비가 서서히 줄어들어 피부가 건조하고 잔주름이 눈에 띈다. 강한 자외선, 과도한 땀, 실내의 냉방 등으로 피부가 윤기와 탄력을 잃어 피로해져 있다. 피부색이 검어지고 기미, 주근깨가 나타난다.

표 3-6 계절에 따른 관리 방법

계 절 / 관리법	봄	여 름	가 을	겨 울
	유수분공급	자외선대책	미백관리	탄력회복
케어포인트	• 유분과 수분의 균형 유지	• 왕성한 피지 조절	• 묵은 각질 제거와 유분과 수분을 보충	• 혈액순환과 신진대사의 촉진을 위해 마사지와 팩 활용
세 안	• 피지 분비의 증가로 클렌징을 철저히 해서 청결 유지	• 오염된 피부를 깨끗하게 하기 위한 세안	• 신진대사 촉진을 위한 스팀타월과 마사지 • 묵은 각질 제거를 위해 주 2회 정도 딥클렌징	• 청결한 피부 유지
스킨케어	• 민감해져 있는 상태이므로 자극이 심한 화장품은 피함 • 수분 보충을 위해 수분크림, 수분 에센스 사용 • 오일프리 제품의 자외선 차단제 사용	• 수분 위주의 화장품 선택 • 차가운 화장수 활용 • 자외선 차단제 자주 수정	• 영양 화장수로 유·수분 공급과 함께 영양크림 사용 • 건조가 심할 때 에센스 오일 사용해도 효과적 • 미백 화장품 사용	• 유·수분 함량이 많은 영양 화장수와 크림 화장품 선택
스페셜케어	• 보습 위주로 주 2회 정도 에센스팩 실시	• 피지 제거 팩 사용	• 영양 위주의 팩 실시 • 미백 효과가 있는 오이, 레몬팩을 주 2~3회 정도 실시	• 냉·온 요법으로 피부의 탄력을 회복시킴

(4) 겨 울

혈액순환과 피부 신진대사 활동의 저하로 피부의 탄력이 없어지며 땀과 피지 분비가 적어서 극도로 거칠어진다. 실내 난방으로 피부 수분이 증발되어 피부가 건조해진다.

남성 피부

외모가 경쟁력으로 인식되고 있는 현대에서 깨끗한 피부가 최우선의 조건이 될

피부에 효과적인 자연팩

1. 지성 피부와 여드름 피부에 효과적인 자연팩

■ 머드팩

– 머드, 증류수를 각각 2 : 1의 비율로 혼합해 걸쭉한 상태가 되도록 저어준다.

– 피부에 바르고 마르기 전에 물로 씻어낸다.

■ 해조팩

– 해초가루 1큰술에 밀가루나 메밀가루, 꿀 등을 섞는다.

– 붓으로 얼굴 전체에 골고루 펴 바른다.

■ 녹두팩

– 녹두가루에 꿀이나 우유, 물을 섞어 걸쭉해지게 만든다.

– 맨 얼굴에 바르고 20분 정도 그대로 두었다가 씻어내면 된다.

■ 녹차팩

– 녹차 1큰술에 미지근한 물 3큰술을 넣고 우려낸다.

– 맥반석가루 또는 녹말가루를 섞어 걸쭉하게 갠다.

– 여드름이 심한 부위부터 발라 1시간 정도 후에 씻는다.

■ 감자팩

– 싹이 나지 않은 감자를 선택해 껍질을 벗기고 강판에 곱게 간다.   – 20분 정도 팩을 한다.

2. 건성 피부에 효과적인 자연팩

■ 참기름팩

– 적당량의 해초가루에 물을 부어 잘 젓는다.   – 참기름 3~4방울을 떨어뜨린다.

– 얼굴에 바른 후 20분이 경과되면 깨끗하게 물로 씻어낸다.

■ 키위팩

– 껍질을 벗긴 키위(1큰술)를 강판에 간다.

– 밀가루 1큰술, 떠 먹는 요구르트 1작은술, 물 3큰술 재료와 잘 섞는다.

– 얼굴에 바른 후 20분이 경과되면 깨끗하게 물로 씻어낸다.

■ 바나나팩

– 숟가락으로 바나나를 으깬다.   – 적당량의 영양크림과 꿀을 넣는다.

– 얼굴에 펴 바른 다음 20분이 경과하면 깨끗하게 물로 씻어낸다.

■ 수박팩

– 방법 1: 수박 껍질의 흰 부분을 그대로 붙인다.

– 방법 2: 수박 흰 부분만 잘라 강판에 간 다음 해초가루를 조금씩 넣어가면서 걸쭉하게 갠다.

수밖에 없다. 그래서 면접, 비즈니스에서 호감이 가고 생동감이 있는 첫인상을 만들기 위해 성형외과, 피부과를 찾는 남성이 증가하고 있다. 경쟁력 있는 나를 만들기 위해 가장 먼저 건강하고 깔끔한 피부로 개선해서 피부미남으로 바꾸어 보자.

남성 피부의 특징은 과다한 피지의 분비로 대부분이 지성 피부를 띤다. 관리의 부족으로 모공이 넓고 각질이 생긴다. 음주, 흡연에 의해 피부가 칙칙하며 잦은 면도에 의해 세균 감염, 피부 트러블이 생긴다.

여성과 마찬가지로 건강한 피부를 만들기 위해서는 가장 먼저 선행되어져야 하는 것이 철저한 세안이다. 미온수를 이용해서 폼 클렌징으로 모공 속의 노폐물을 제거해 주는 것이 중요하다.

남성 피부의 최대의 적은 자외선, 스트레스, 음주, 흡연이라고 할 수 있다. 특히 가볍게 여기는 자외선은 외부의 활동이 많은 남성에게는 검버섯과 잡티를 만드는 원인이 된다. 반드시 자외선 차단제를 사용해서 깨끗한 피부를 유지하도록 한다.

남성의 경우 면도와 면도 후의 관리 또한 중요한 피부 관리이다. 수염은 하루 평균 2mm 정도 자라며, 면도는 수염이 제거되는 것뿐만 아니라 피부의 각질층까지 함께 제거되기 때문에 세균 감염이나 피부의 트러블이 생길 수 있다. 그래서 철저한 세안 후에 면도를 하는 것이 바람직하며, 면도 후 수분과 영양을 충분히 공급해 주어야 한다.

세안 테크닉

어떤 피부 타입이든지 제일 중요한 것은 세안을 얼마나 정성껏 하느냐는 것이다. 철저한 세안과 세안의 방법에 따라서 피부의 노화와 트러블을 예방할 수 있다.

일본의 안면분석 연구가 카마타[Kamata]가 조언하는 세안 테크닉을 소개하고자 한다.

얼굴 피부의 피부결을 따라서 손 동작을 움직여 줌으로써 마사지 효과와 더불어 혈액순환을 원활하게 한다. 또한 피부의 노폐물이 제거됨과 동시에 잔주름 예방에도 도움을 줄 수 있다.

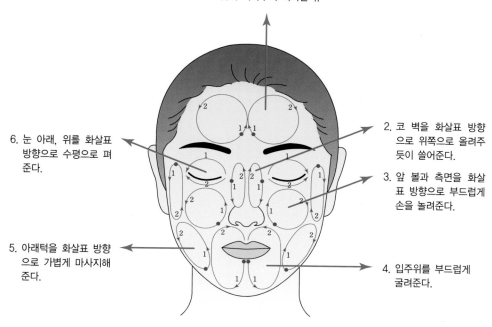

1. 천천히 부드럽게 원을 그리
   듯이 이마부터 시작한다.

2. 코 벽을 화살표 방향
   으로 위쪽으로 올려주
   듯이 쓸어준다.

3. 앞 볼과 측면을 화살
   표 방향으로 부드럽게
   손을 놀려준다.

4. 입주위를 부드럽게
   굴려준다.

5. 아래턱을 화살표 방향
   으로 가볍게 마사지해
   준다.

6. 눈 아래, 위를 화살표
   방향으로 수평으로 펴
   준다.

그림 3-5 세안 테크닉

Classic but Trendy

- **1920년**
- 클라라 보
  창백하리만큼 하얀 피부, 스모키한 블랙 아이와 과장된 빨간 입술을 유행시킨 주인공이다.
- 진 할로
  금발머리와 새하얀 얼굴이 과장된 아이&립 라인과 대조되어 퇴폐적인 매력을 주었다.

- **1930년**
- 그레타 가르보
  강한 볼터치와 그라데이션한 아이섀도로 입체 화장의 시초가 되었다.
- 마를렌 디트리히
  활처럼 휜 선명한 눈썹, 광대뼈를 강조한 볼터치로 팜므 파탈적인 매력을 부각시켰다.

- **1940년**
- 잉그리드 버그만
  중성적이고 지적인 마스크가 각광받던 시대로서 전보다 눈썹을 두껍게 그린 메이크업이 특징이다.
- 비비안 리
  풍성하게 컬링된 속눈썹으로 고양이 같은 눈매를 만들어 도도한 매력을 강조했다.

- **1950년**
- 오드리 헵번
  컬러 TV가 보급되면서 피부 표현이 내추럴해졌다. 아이라인을 길고 짙게 그리는 게 포인트이다.
- 그레이스 켈리
  인위적인 새하얀 피부 대신 살색 피부 톤이 유행했다. 베이지가 가미된 고급스러운 피부가 주목받았다.

- **1960년**
- 마릴린 먼로
  하얀 얼굴에 볼륨감 넘치는 레드 립으로 당시 최고의 섹시 아이콘으로 부상했다.

– 트위기

인조 속눈썹으로 눈을 강조하고 얼굴은 창백하게 했으며, 인형처럼 큰 눈이 미의 기준이
되었다.

■ 1970년

– 올리비아 핫세

금발 미녀는 가고 이제 브루넷(갈색 머리)의 시대로서 과장된 메이크업보다 한 듯 안한
듯 얼굴의 입체감만 살린 메이크업이 등장했다.

– 제인 폰다

광대뼈를 도드라지게, 립 라인은 진하게 그려 얼굴 윤곽을 또렷하게 살린 메이크업이 유
행했다.

■ 1980년

– 소피 마르소

투명감을 살린 피부 톤, 광택 없는 색조 화장의 청순한 이미지가 각광받기 시작했다.

– 브룩 실즈

자연 그대로의 이목구비와 피부 톤을 살린 내추럴 메이크업의 시대가 본격적으로 열렸다.

■ 1990년

– 데미 무어

전형적인 미국형 얼굴로서 환영받았다. 브라운 계열의 색조 화장이 유행했다.

– 샤론 스톤

무채색 옷이 유행을 선도하면서 와인, 브라운, 다크 레드 등 어둡고 선명한 색조 화장이
트렌드였다.

■ 2000년

– 제니퍼 로페즈

구리빛 피부의 글래머 스타의 시대가 열렸다. 피부 톤 자체를 섹시하게 표현하는 게 관
건이었다.

– 기네스 팰트로

구릿빛 피부와 더불어 하얀 '귀족페이스'가 유행했다. 색조를 절제하고 고급스러운 흰
피부를 살리는 것이 관건으로 주근깨도 살짝 보이도록 하는 것이 더 예쁜 피부라는 인식
을 심어 주었다.

자료 : CéCi(2005년 5월호).

나의 얼굴 매력 찾기

1 손거울로 나의 얼굴을 보면서 있는 그대로 그려 봅시다.

2 다음의 얼굴 유형 중에 나는 어디에 속하는지 체크해 봅시다.

☐ 둥근형 얼굴　　　　☐ 긴형 얼굴　　　　☐ 삼각형 얼굴

☐ 사각형 얼굴　　　　☐ 역삼각형 얼굴　　☐ 마름모형 얼굴

☐ 타원형 얼굴

3 나의 얼굴의 매력 포인트와 단점을 찾아내어 수정 방법을 제시해 봅시다.
(헤어스타일과 함께 설명)

4 나의 얼굴에 효과적인 메이크업 방법을 표현해 봅시다.

보디 연출

사람들이 자신의 외모에 대해 평가하는 요소들 중에서 보디 이미지만큼 즉각적이고 중요한 것은 없다. 보디 이미지body image란 사람들이 자신의 신체에 대해 어떻게 보고 느끼는지를 평가하는 것을 말한다. 보디 이미지는 성장, 외상, 노화 등의 생물학적 변화와 심리적 측면이나, 주위의 환경에 의해 영향을 받는다.

신체의 이상형을 결정하는 데는 과거 여성과 남성의 서로 다른 역할 수행을 통해 적합하도록 발달해 온 생리학적 측면의 자연적인 미와 특정 문화에 의해 주어진 의미에 따라 미가 결정되는 문화적인 미로 살펴볼 수 있다.

이상적인 신체를 추구할 때 문화적 기준은 더욱 그 영향력을 발휘한다. 대부분의 사회에서 신체적 매력이란 아름다운 체형이나 신체 크기를 의미한다. 이상적인 체형이나 크기에 대한 추구는 시대나 문화에 따라 매우 다양하다.

20세기 대중매체의 발달은 서양의 미의 기준을 일정하게 만들었다. 1920년대 초는 납작한 어린 소녀 같은 체형이 이상형이었으며, 1930년대는 가는 허리와 풍만한 가슴을 지닌 여성이 미의 기준이 되었다. 1940대는 다리가 풍만한 가슴과 함께 이상적 미를 평가하는 기준이 되었으며, 1950년대는 19세기처럼 마르고 관능적인 것이 이상적인 미가 되었고, 1960년대는 엘리자베스 테일러가 가장 이상적인 미인

1930년대

형으로 대표되었다. 1970년대는 영화 '로미오와 줄리엣'에 등장하는 올리비아 핫세와 같은 청순함과 여성미를 드러낸 스타일이 미인형으로 공존하였으며, 1980년대는 여성성이 강조되며 당당한 모습의 글래머러스한 체형이 이상적인 미로 인식되었다. 1990년대 들어 세기말적 불안한 심리는 미인상에도 변화를 주어 마르고 성 정체성이 두드러지지 않는 여성의 체형이 부각되었으며, 2000년에 들어와서는 자신만의 독특함과 글래머러스한 신체에 섹시함을 겸비한 여성이 이상형으로 대두되고 있다.

미의 개념은 고정된 것이 아니며 문화적인 기준과 시대적 환경에 의해 변화되며 이러한 미의 기준은 보디 이미지의 발달에도 상당히 영향을 미치고 있다.

1940년대

1950년대

1960년대

1970년대

1970년대

1980년대

1980년대

1990년대

2000년대

그림 4-1 시대별 이상적인 미인상

보디 이미지 메이킹

왜 '몸짱 신드롬'인가?

'얼짱 신드롬'에 이어 '몸짱 신드롬'이 전국을 강타하고 있다. 일반인들 사이에서도 폭발적인 관심을 불러일으키고 있는 몸짱 열풍이 본격적으로 몰아친 것은 지난해 말이다. 한 인터넷 사이트에 등장해 "너희에게 봄날을 돌려주마"라는 거침없는 말과 함께 당시 서른 아홉의 나이에도 불구하고 20대 뺨치는 탄력 있는 몸매를 공개한 경기도 일산의 '봄날 아줌마' 정○○ 씨가

태보 : 태권도와 복싱, 에어로빅을 합쳐 만든 운동

등장하면서부터이다. 정씨의 섹시한 포즈와 몸매 관리 요령이 인터넷을 통해 급속도로 퍼져나가면서 몸짱이 수면 위로 떠올랐다.

이런 '몸짱 신드롬'의 이면에는 '웰빙(Well-Being) 열풍'이 자리 잡고 있다. '잘 먹고 잘 살자'는 분위기의 급속한 확산은 '몸의 건강'에 대한 관심을 촉발시켰고, 이런 분위기가 자연스레 몸짱에 대한 숭배로 연결된 것이다. 생활 수준의 향상으로 고가의 운동 기구들이 보통 가정에도 보급되고 있고 헬스, 요가, 태보 등이 더 이상 일부의 사치가 아닌 시대가 됐다. 이런 추세를 기반으로 몸짱이라는 것이 일시적 유행의 한계를 뛰어넘어 우리 사회의 주류 문화로 자리잡기 시작했다.

자료 : http://www.buddhanews.com.

바디라인을 날씬하게 하는 요가 동작

제공 : 크리에이티브 커먼즈코리아

1. 여성 체형

여성의 체형은 시대를 불문하고 관심의 대상이 되어 왔다. 시대별로 여성의 이상적인 체형은 그 시대적 흐름에 따라 달랐다.

다음은 유명 화가들의 작품 속에 나오는 여인들의 모습을 오늘날의 체형 유형과 비교해 본 것이다. 화가의 작품 세계는 여인의 모습을 통해 다양하게 나타나고 있는데, 각자의 독특한 예술 세계만큼이나 그림 속의 서로 다른 여인들의 모습이 흥미롭다.

시대가 요구하는 이상적인 체형은 동시대를 사는 사람들에게 자신의 보디 이미지에 대한 끊임없는 노력을 요구하게 한다. 여기서는 체형별 이미지를 극대화할 수 있는 패션 센스를 익혀보자.

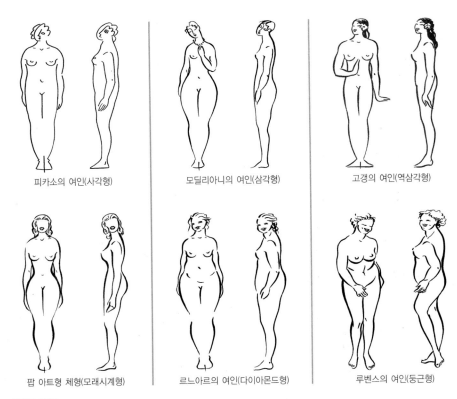

피카소의 여인(사각형) 모딜리아니의 여인(삼각형) 고갱의 여인(역삼각형)

팝 아트형 체형(모래시계형) 르느아르의 여인(다이아몬드형) 루벤스의 여인(둥근형)

그림 4-2 회화 속 여인의 체형
자료: The Fine Art of Dressing.

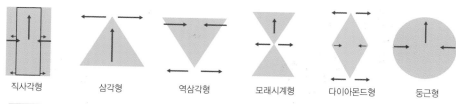

그림 4-3 여성 체형 유형

여성 체형은 남성 체형에 비해 다양하게 나누어 볼 수 있다. 어깨 너비, 허리 너비, 엉덩이 너비를 기준으로 그 외형적 형태를 크게 직사각형, 삼각형, 역삼각형, 모래시계형, 다이아몬드형, 둥근형으로 나누었다.

직사각형

직사각형 체형은 어깨, 허리, 엉덩이와 대퇴부의 넓이가 거의 같은 폭을 가지고 있는 일직선의 체형이다. 평균 체중보다 무거우며 허리선이 뚜렷하지 않아 엉덩이와 비교했을 때 굵어 보이고 전체적으로 몸매가 균형잡혀 있으나 살이 몸 전반에 골고루 분포되어 있다.

직사각형 체형은 전체적으로 여유가 있으면서 허리와 복부를 자연스럽게 흘러내리게 하는 스타일이 좋다.

상의를 하의에 넣어 입기보다는 오버 블라우스와 튜닉형 상의처럼 밖으로 빼서입는 연출이 필요하며 레이어드 룩을 연출해 보는 것도 좋다. 또한 착시를 일으키게 하는 기하학적인 선이 있는 패턴의 옷이나 단추나 파이핑과 같은 디테일을 통해 착시 효과를 일으키게 하여 시선을 중앙으로 모아주는 것도 중요하다. 또한 버클이 특이한 벨트를 느슨하게 착용하여 허리 라인을 자연스럽게 만들어 볼 수도 있으며 시선 상승을 위해 목걸이나, 귀고리, 스카프 등으로 목 주위에 가벼운 포인트 장식을 해 보는 것도 좋다.

한편 일직선의 체형으로 몸 전반에 살이 없는 체형을 관형 체형이라 한다. 위 아래로 일직선의 체형으로 비교적 좁은 어깨와 엉덩이, 작은 가슴과 허리, 가는 팔과 다리를 가진 마른 체형이다. 평균 체중보다 가벼우며 인체라인이 곧고 각이 져 있

Good

Bad

그림 4-4 직사각형 체형의 코디네이션

Good

Bad

그림 4-5 마른 직사각형(관형) 체형의 코디네이션

어 호리호리하다.

관형 체형은 마른 몸매를 커버할 수 있는 약간의 볼륨이 있는 느슨한 형태의 의복을 선택하는 것이 효과적이다. 수축색보다는 팽창색을 사용하여 생기 있고 발랄한 느낌을 주는 것이 좋으며 시선을 얼굴 위쪽으로 향하게 할 수 있는 디테일이나 스카프나 목걸이와 같은 액세서리를 이용하면 좋다. 또한 니트는 포근하고 소재 자체에 볼륨감이 있어 마른 몸매를 부드러워 보이게 하며 어깨 패드가 있는 적당히 슬림한 디자인에 싱글보다 더블형의 재킷에 베스트를 함께 코디하면 훨씬 센스 있어 보인다. 또한 너무 얇거나 몸에 붙는 소재는 피하는 것이 좋으며 형태가 너무 과장되거나 극단적인 대조나 강조는 오히려 역효과를 줄 수 있다.

삼각형

삼각형 체형은 허리 위는 작거나 좁아 보이고 허리 아래는 크거나 넓어 보이는 체형이다. 평균적으로 상반신이 작고 등이 좁으며 허리가 가는 반면, 허리가 길고

Good

Bad

그림 4-6 삼각형 체형의 코디네이션

엉덩이 곡선이 낮고 둥글며, 다리가 짧은 경우가 많아 아랫부분이 무거워 보인다.

삼각형 체형은 의복을 통해 상하의 밸런스를 맞추어 주는 것이 가장 중요하다. 상의는 적당한 볼륨과 형태를 유지하며 하의에 비해 밝은 컬러나 무늬가 들어가 있는 의복을 선택하도록 하며 몸에 타이트한 의복은 오히려 상하의 균형을 깨므로 피하는 것이 좋다.

하의의 경우 타이트한 의복은 오히려 하체를 더욱 도드라져 보이게 하므로 적당한 두께의 A라인이나 플레어 스커트와 같이 여유가 있으면서 자연스럽게 흘러내리는 디자인이 좋으며, 바지의 경우도 타이트한 것보다 라인이 특이한 심플한 디자인이 효과적이다.

역삼각형

역삼각형 체형은 어깨는 넓고 엉덩이와 대퇴부가 상대적으로 작은 체형이다. 평균적으로 상반신이 크고 등이 넓으며 허리가 굵고 짧다. 엉덩이 곡선이 높으면서 대개 납작하고 상대적으로 다리는 길고 곧아 상반신이 무겁고 둔해 보인다.

역삼각형의 체형은 상의에 디자인 포인트가 들어가거나 형태나 소재에 볼륨에 있을 경우 답답하고 무거워 보이므로 상의는 여유 있게 흘러내리는 심플한 디자인을 선택하고 가슴선에 셔링이나 프릴과 같은 볼륨이 들어간 디자인은 피하는 것이 좋다.

상의의 볼륨을 최대한 자연스럽게 연출하면서 시선을 중심이나 아래로 이끌도록 해야 하므로 볼륨을 살린 플레어나 개더, 플리츠 스커트나 포켓과 같은 디테일이 디자인 포인트로 들어간 넉넉한 디자인의 바지를 선택하면 좋다.

모래시계형

모래시계형 체형은 어깨가 크고 등이 넓으며 엉덩이가 큰 반면 허리가 매우 가늘다. 전체적으로 몸매가 균형 잡혀 보이나 매우 가는 허리로 인해 가슴과 엉덩이가 실제보다 더 크게 강조되어 보인다.

모래시계형 체형은 풍만한 가슴과 힙 그리고 상대적으로 가는 허리의 차이를 약간만 보완해 줌으로써 매력적인 여성미를 살릴 수 있다. 폭이 넓은 벨트를 약간 느

그림 4-7 역삼각형 체형의 코디네이션

그림 4-8 모래시계형 체형의 코디네이션

슨하게 연출하거나, 재킷이나 허리선이 강조되지 않은 원피스로 허리를 보완하면 여성스럽고 스타일리시하게 보일 수 있다.

다이아몬드형

모래시계형과는 반대로 어깨와 엉덩이의 폭에 비해 인체 중간 부분 즉, 몸통과 허리 부분이 굵은 체형이다. 평균적으로 가슴이 대개 작고 엉덩이 곡선이 높으며 크기가 작고 다리는 비교적 가늘며 체중의 대부분이 몸통과 허리 복부에 모여 있다.

다이아몬드형 체형은 허리를 강조하는 디자인이나 밀착되는 의복은 피하는 것이 좋다. 전체적으로 위에서 아래로 자연스럽게 흘러내리는 느슨한 형태의 의복이나 중간 두께의 가벼운 소재로 레이어드 룩을 연출해 보는 것이 효과적이다.

여기서도 오버 블라우스나 긴 셔츠 등으로 허리를 덮는 것이 좋으며 플레어 스커트와 같은 볼륨이 있는 스커트나 일자형 또는 나팔형의 바지가 좋다. 한편 굵은 벨트는 허리 부분을 더욱 두드러지게 하여 역효과를 주므로 주의해야 하고 여기에

Good

Bad

그림 4-9 다이아몬드형 체형의 코디네이션

시선을 얼굴쪽으로 옮길 수 있는 센스 있는 액세서리도 잊지 말아야 한다.

둥근형

둥근형은 전체적으로 몸에 살이 많은 체형이다. 등과 팔이 크고 둥글고, 가슴과 몸통, 허리, 복부, 엉덩이, 다리가 크며, 신체의 모든 부분이 비만으로 완전히 둥근 모양을 가졌다.

이 체형은 살이 많아 둔해 보이는 인상을 직선이나 각을 이용해서 선명한 인상을 주도록 하며 시선을 얼굴 쪽으로 끌어 올릴 수 있는 액세서리를 활용하는 것이 좋다. 전체적으로 밝은 색보다는 수축색을 사용하고 너무 얇거나 두꺼운 소재는 피하는 것이 좋다. 세퍼레이트 스타일의 경우 상의와 하의의 색상이 대조가 되게 하고 심플한 포인트 벨트로 시선을 자연스럽게 가운데로 옮겨주도록 한다. 둥근 네크라인, 둥근 금목걸이, 퍼프 소매 등은 체형을 더욱 강조하는 결과를 가져오므로 피하는 것이 좋다.

Good

Bad

그림 4-10 둥근형 체형의 코디네이션

다리 길~어보이게 해주는 체형별 '데님' 코디법

데님(청바지)는 남녀불문하고 누구나 편하고 흔하게 입을 수 있는 아이템이다. 하지만 데님이라는 게 사실 어떻게 스타일링을 하느냐에 따라 워스트가 될수도 있고 베스트가 될 수도 있다. 더 이상 트렌드만을 생각하다가 실망하지 말고 체형별 어울리는 데님을 고르도록 하자.

키가 커 보이고 싶다면?

금방 식을 줄 알았던 스키니진의 열풍은 매년 계속되고 있는데, 특히 키가 작은 사람들에게는 안성맞춤 아이템이다. 이때 주의할 점은 워싱이 심하게 있는 스타일보다는 단색으로 고르는 것이 좋고, 컬러는 어두운 계열로 착용하는 것이 더욱 효과적이다. 여기에 동일계열의 하이힐이나 롱부츠, 짧은 상의를 스타일링하면 작은 키를 보완할 수 있다.

또한 타이트한 하의가 부담스럽다면, 상의에 포인트를 주는 것이 좋다. 컬러감이 있는 티셔츠나, 프린트가 포인트인 상의를 매치하면 자연스럽게 시선을 위로 올릴 수 있다.

다리가 길어 보이고 싶다면?

동양인들은 서양인들에 비해 짧은 다리의 유전자를 가지고 있다. 그렇기에 동양인들은 거울앞에서 '어떻게 입어야 다리가 길어 보일까' 하는 고민을 하기 마련. 이렇듯 짧은 다리를 보완해 길어 보이고 싶다면 부츠컷 스타일을 추천한다. 부츠컷은 무릎아래로 살짝 넓어지는 스타일로 다리가 길어 보이는 효과와 함께 통통한 종아리의 단점도 보완할 수 있다.

또한 부츠컷은 스키니진보다 더욱 여성스러움을 강조하는 바지로 길이가 긴 상의보다는 주로 짧은 상의와 코디하며 라인이 타이트한 상의를 선택하여 바디의 라인을 강조하면 다리도 길어 보이면서, 날씬한 바디라인을 부각 시킬 수 있다.

얇은 다리로 보이고 싶다면?

슬림한 팬츠를 입고 싶은데 슬림팬츠가 허벅지를 더욱 부각시키기 때문에 피해야 한다면 세미 타이트 팬츠와 같이 살짝 여유 있는 일자라인의 청바지를 선택하여 단점을 보완하는 것은 어떨까.

일자청바지는 허벅지부터 발끝까지 라인이 일자로 떨어지는 것을 말하며, 베이직한 진의 매력을 가장 잘 살려준다. 또한 일자라인의 청바지에 워싱 처리가 되어 있는 것은 시각적인 효과로 더욱 다리를 날씬하게 보이게 하며 워싱 처리에 따라 다양한 느낌을 낼 수 있는 것이 특징이다. 베이직한 스타일의 일자핏의 상의는 캐주얼한 느낌의 후드집업이나, 가벼운 티셔츠의 코디가 좋다.

이 외에도 허벅지가 굵어 허리 사이즈에 맞는 스타일을 입을 수 없는 체형은 배기팬츠 추천한다. 루즈한 티셔츠를 입고 벌키한 니트가디건을 레이어드한다면 한층 더 멋스러움을 살릴 수 있다. 유니크한 스타일의 보이프렌드 핏 또는 배기 핏으로 단점을 보완할 뿐 아니라 자기만의 개성을 살릴 수 있다.

이렇듯 누구나 가지고 있지만 아무나 소화하기 힘든 '청바지'. 자신의 체형을 바로 알고 입는다면 모든 사람들의 로망인 '청바지에 흰 티' 패션을 완성할 수 있지 않을까. 지금이라도 거울 앞에 서서 체형을 체크하여 체형별 코디법으로 단점을 장점으로 바꿔보는 것도 좋다.

자료 : 조선일보(2011년 12월 9일자).

T형

H형

O형

그림 4-11
남성 체형 유형

2. 남성 체형

남성의 체형은 여성에 비해 비교적 단순한 편으로 키가 크고 작거나 골격이 가늘 거나 근육질 혹은 살이 찐 형태가 대부분이다. 여기서는 외형적 형태를 기준으로 T형, H형, O형으로 크게 나누어 살펴 보았다.

T형

T형은 정면에서 봤을 때 어깨가 가장 넓은 역삼각형의 형태로 남성적인 매력과 건강미가 돋보이는 체형이다. 가슴과 허리둘레가 18cm 이상 차이가 나며 보통 운동을 통해 꾸준한 단련으로 만들 수 있다.

작은 키가 아니면 어떤 스타일도 무난하게 소화할 수 있으며 키가 작을 경우에는 V존을 좁게하여 강조함으로써 키를 커 보이게 하는 것이 좋다. 사선 스트라이프나

패션과 이미지 메이킹

Good

Bad

그림 4-12 T형 체형의 코디네이션

스티치가 들어간 넥타이의 경우는 키를 커 보이게 하는 효과가 있으므로 효과적이며 포켓치프나 안경, 선글라스 등으로 얼굴 부분을 강조하고 일자형의 바지를 매치하면 키가 커 보인다. 선명한 스트라이프 수트는 너무 위압적으로 보이므로 피하는 것이 좋으며 살이 많이 찐 경우에는 몸에 피트한 유러피안 스타일의 수트는 피하는 것이 좋다.

H형

H형은 일반적인 체형으로 날씬한 형태를 띠며 매끈한 직선형이다. 정면으로 봤을 때 어깨가 특별히 넓지 않고 가슴과 힙이 일직선상에 놓인 형태로서 보통 가슴둘레와 허리둘레의 차이가 15cm 이하이며 아주 여윈 체형인 경우에는 날카로운 인상을 줄 수 있다.

지적이며 현대적인 인상을 주는 타입으로 아주 마르거나 키가 작지 않은 이상 선호되는 체형으로 다양한 스타일 연출이 가능하다. 마른 H형인 경우에는 짙은 색보

Good

Bad

그림 4-13 H형 체형의 코디네이션

다 회색, 브라운 계열의 중간색을 선택하는 것이 좋다. 또한 너무 얇은 소재는 피하고 헤링본이나 글렌체크와 같은 잔잔한 패턴이나 트위드 소재는 부피감을 주므로 자칫 날카로워 보일 수 있는 인상을 부드럽게 해준다. 더블 여밈의 코트나 재킷, 베스트와 함께 입는 쓰리피스 스타일의 정장도 권할 만하다.

캐주얼 스타일은 키가 크고 마른 H형인 경우에 상하의를 다른 색상으로 레이어드시키면 볼륨감이 생겨 생기있어 보인다.

O형

O형은 전체적으로 둥글며 통통한 형으로 어깨는 부드럽게 내려오며 허리와 힙 둘레가 별 차이 없다. 여기에 살이 많이 찌면 허리둘레가 힙보다 더 클 수도 있다. 가슴둘레와 허리둘레의 차이가 13cm 이하로 목이 짧은 형이 많고 운동이 부족한 중년 이후의 남성에게 많이 보이는 형이다.

자칫 둔해 보일 수 있는 인상을 당당하고 활력 넘치게 보이게끔 하는 것이 중요

북성과 이미지 메이킹

그림 4-14 O형 체형의 코디네이션

하다. 의복의 실루엣이 직선적인 형태를 가질 수 있게 하는 것이 포인트다. 그러므로 너무 부드럽거나 얇은 소재는 피하고, 수트 착용 시 V존이 깊고 어깨가 각진 상의를 선택하여 시원한 인상을 주도록 한다. 또한 넥타이에 포인트를 주면 활력이 있어 보이고 짙은 네이비나 블랙과 같은 짙은 색이나 얇은 핀 스트라이프 정장도 권할 만하다.

　캐주얼 스타일의 경우 유사한 색상으로 상하의를 코디네이션하고 특히 키가 작을 경우는 하의를 상의에 비해 좀 더 짙은 색상으로 선택하면 키가 커 보이는 효과가 있다.

쉬어가기

남자의 자격 식스팩 프로젝트에 나온 '크로스핏'은 어떤 운동?

최근 주말 오락프로 '해피선데이–남자의 자격'에서 멤버들이 '크로스핏(crossfit)'을 통해서 체력을 단련하는 모습이 공개되었다. 밧줄타기, 로잉과 같이 평소 보기 힘든 운동들은 물론 바벨과 덤벨을 이용한 운동을 통해서 멤버들이 모두 기진맥진 하는 모습을 보였다.

　보통 보디빌딩식의 운동법은 근육을 부위별로 나누고 발달시켜서 더 보기 좋은 몸을 만드는 것이 목표인 반면 크로스핏은 근력, 근지구력, 심폐지구력, 민첩성, 유연성, 정확성, 균형유지능력 등 기능성 향상에 중점을 둔 운동 시스템이다. 그래서 같은 운동이라도 다른 방식으로 접근하기도 한다. 일반적인 웨이트 트레이닝에서 스쿼트(앉았다 일어서는 것)를 연습하는 이유는 다리 부위의 근육을 발달시키기 위해서이다. 크로스핏에서도 다리, 등 부위와 같이 큰 근육의 중요성을 강조하기는 하지만 스쿼트라는 운동을 물건을 들어 올리는 동작으로 해석한다. 가슴, 등, 어깨에 중량을 얹은 상태에서 일어나는 것으로 보는 것이다. 또한 크로스핏은 매일 운동프로그램이 바뀌는데 힘을 기르는 종류의 운동, 심폐지구력을 발달시키는 운동, 짧은 시간 안에 많은 움직임을 반복하는 운동이다.

　힘을 기르는 운동에는 전통적인 스쿼트, 데드리프트 등이 포함되기도 하지만 역도의 인상, 용상 동작을 연습하기도 한다. 심폐지구력에는 달리기를 기본으로 하고 로잉 등을 포함시킵니다. 버피테스트, 제자리뛰기가 추가되기도 한다. 짧은 시간 안에 많은 움직임을 반복하는 것은 바벨들기 9회–턱걸이 9회 등 최대한 짧은 시간에 끝내는 프란(fran)이라는 운동법이 대표적이다.

　크로스핏은 일반인이 보기에 과격해보일 수도 있지만 중량, 반복횟수, 시간 등을 조정해서 강도를 낮게 해서 실시할 수 있다. 높은 강도의 운동을 원하거나, 다른 사람과 경쟁하는 것을 원하는 사람에게도 제격인 운동이다.

자료: 미디어가든 밸런스(2012년 2월 19일).

키에 따른 필수 아이템의 스타일링 공식
내 키를 묻지 마세요

1. 니트 아우터(knit outer)

도톰한 니트 아우터는 가을부터 겨울까지 강세를 띨 예정이다. 따뜻하고 레이어드 활용도가 커서 좋지만 키 작은 사람에게는 이것만큼 쥐약인 아이템이 없다.

니트 아우터(좌 Short, 우 Tall)

■ Tall

길고 벌키한 니트 코트에 단정한 치노 팬츠를 연출한다. 머플러와 셔츠를 연출해 상의를 더욱 풍부하게 만든다. 마르고 왜소해 보이지 않게 스타일링한다.

■ Short

절대 길게 입지 않는다. 단정한 솔리드 컬러의 숄칼라 니트 아우터를 권한다. 시선이 위로 향하게 포인트 머플러를 단정하게 안으로 넣어서 연출하고 하의는 밝은 컬러로 슈즈까지 연결해 하체가 길어 보이게 연출한다.

2. 카고 팬츠(cargo pants)

누구나 하나쯤 있는 카고 팬츠는 작년 시즌부터 외형이 많이 바뀌었다. 바로 많이 슬림해진 실루엣인데 이것만큼 키 작은 사람에게 환영받을 만한 것이 없다.

■ Tall

화려한 디테일의 배기 카고 팬츠를 추천한다. 너무 말라보이지 않게 여유 있는 실루엣이 좋다. 상의는 긴 카디건에 니트 머플러를 길게 늘어뜨린다.

■ Short

전체적으로 다리라인과 딱 떨어지는 슬림한 카고 팬츠가 좋다. 포켓 디테일도 얇고 심플한 게 낫다. 상의는 단정하고 길어지지 않게 연출한다. 이너웨어에 포인트를 준다.

카고 팬츠(좌 Tall, 우 Short)

3. 니트 스웨터(knit sweater)

추운 계절에 두루두루 입는 스웨터는 키에 구애받지 않는 아이템이지만 잘 입으면 단점을 커버할 수 있다.

■ Tall

도톰하고 벌키한 니트 스웨터로 상의를 왜소하지 않게 연출한다. 엉덩이를 살짝 넘는 길이가 좋다. 밝고 디테일이 있는 체크 팬츠를 입어 시선을 분산시켜 지나치게 길어 보이는 것을 방지한다.

■ Short

컬러를 섞지 말고 상의와 하의를 톤온톤으로 정리한다. 신발까지 같은 톤으로 시선을 길게 늘인다. 네크라인에 디테일이 있는 스웨터를 입으면 더욱 효과적이다. 키 작은 사람에게는 프레피 풍이 유리하다.

니트 스웨터(좌 Tall, 우 Short)

4. 더블 브레스티드 재킷(double breasted jacket)

키가 크고 마른 사람을 더욱 탄탄하게 보이게 하고 키가 작은 사람의 왜소함을 커버하는 마법의 아이템이 바로 더블 브레스티드 재킷이다.

■ Tall

올해 유행하는 길이가 긴 재킷을 고른다. 키가 큰 사람이 딱 맞고 짧은 재킷을 입는 것은 꼴불견이다. 어깨는 넉넉하고 톤이 나눠진 디자인이 세련되고 시선을 분산시킨다.

■ Short

허리와 엉덩이 사이의 그 어딘가 길이가 가장 좋다. 슬림한 허리라인과 버튼이 도드라진 것이 좋다. 라펠은 넓은 것을 고르고, 슈즈는 팬츠와 같은 컬러로 맞춘다.

더블 코트(좌 Short, 우 Tall)

5. 트렌치 코트(trench coat)

밀리언셀러 패션아이템을 꼽으라면 트렌치코트가 아닐까. 바람이 불면 입고 싶은 아이템이지만 키 때문에 선뜻 손이 안 가는 아이템이기도 하다.

■ Tall

전통적인 더블 브레스티드의 디자인을 고르자. 무릎을 덮는 길이가 좋다. 패턴 팬츠로 골라 경쾌함을 어필하자. 머플러를 풍성하게 묶어서 네크라인이 허전해 보이는 것을 커버해야 왜소해 보이지 않는다.

■ Short

전통적인 트렌치코트는 포기하는 것이 현명하다. 싱글 여밈으로 엉덩이를 덮는 길이가 좋다. 적당히 슬림한 실루엣이 좋고 팬츠는 코트와 톤이 비슷한 것으로 고른다. 머플러는 생략해 답답해 보이지 않게 한다.

트렌치 코트(좌 Tall, 우 Short)

자료 : 맨즈헬스(2011년 10월호).

3. 부분 체형

체형의 단점을 보완하기 위해서는 의복이나 액세서리를 통해 단점인 부분을 자연스럽게 감추거나 시선을 다른 곳으로 이동시킬 수 있는 센스가 필요하다. 다음은 신체 특정 부위의 결점을 패션을 통해 커버할 수 있는 방법들이다.

목 부위

목 부위 결점이라고 하면 길이와 두께의 문제가 있다. 먼저, 목이 짧고 굵은 체형은 상의 네크라인이 깊이 파인 V, U자형을 선택하여 목선이 길어 보일 수 있게 하는 것이 좋다. 목이나 어깨 부위에 프릴이나 견장 같은 디테일이 있는 디자인이나 목을 강조하는 터틀 넥^{turtle neck}, 부피감이 있는 짧고 큰 귀고리나 목에 꼭 끼는 목걸이는 목 주위의 볼륨감을 더하므로 갑갑해 보인다.

짧고 굵은 목

길고 가는 목

그림 4-15 목 부위의 핸디캡을 보완하는 코디네이션

목이 길고 가는 체형은 짧고 굵은 체형과는 반대로 목 주위에 스카프나 머플러, 스탠드형 칼라 상의 등으로 길이감을 줄여 주고 볼륨감을 줄 수 있는 액세서리나 의복 선택이 좋다. 네크라인도 수평적인 보트 네크라인이나 카울 칼라^{cowl collar}로 볼륨을 주는 것이 중요하다.

목이 굵은 체형의 경우 목에 딱 붙는 터틀넥이나 목선을 돋보이게 하는 흔들거리는 귀고리 등은 피하고 스카프를 이용하여 자연스럽게 단점을 커버하는 센스가 필요하다.

어깨 부위

어깨 부위의 결점은 어깨의 폭과 처짐의 정도로 보는 경사가 있다. 여성의 경우 어깨의 폭이 너무 넓으면 여성미가 결여되며, 너무 좁을 경우 상대적으로 머리가 커 보이고 왜소한 인상을 주기 쉽다. 따라서 어깨가 넓은 체형은 어깨 주위의 장식을 최소화하여 어깨로의 시선을 다른 쪽으로 돌릴 수 있도록 해야 한다. 우선 상의

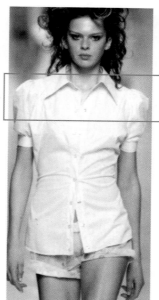

넓은 어깨

좁은 어깨

그림 4-16 어깨 부위의 핸디캡을 보완하는 코디네이션 ㅣ

의 네크라인 선택은 좁은 U, V자형이 좋으며 소매의 이음선이 없는 드롭 숄더^{drop} shoulder나 래글런^{raglan}, 돌먼^{dolman} 슬리브나 소매 이음선이 약간 몸 쪽으로 들어온 것도 좋다. 넓은 어깨로 인한 딱딱한 인상을 적당한 두께의 매끄럽고 부드러운 소재 선택으로 완화시키는 것이 좋으며 밑으로 갈수록 좁아지는 테이퍼드형 바지는 피하는 것이 좋다.

어깨가 좁은 체형은 넓은 체형과는 반대로 수평선의 효과가 나는 장식이나 디테일로 넓이감을 주는 것이 중요하다. 상의는 어깨 패드가 들어간 것이나 견장과 같은 탭 장식이 있는 것도 좋으며, 어깨를 풍성하게 하는 퍼프나 케이프, 캡 소매의 셔츠나 블라우스는 좁은 어깨를 커버하면서 귀여운 이미지를 줄 수 있다.

어깨가 처진 체형은 자신감 결여나 소극적인 인상을 주기 쉽다. 어깨 패드나 탭 장식이 있는 디자인의 상의를 선택하거나 아니면 어깨 주위에서 시선을 멀리 가게끔 허리 벨트나 가방에 포인트를 두는 것도 좋다.

처진 어깨

그림 4-17 어깨 부위의 핸디캡을 보완하는 코디네이션 Ⅱ

작은 가슴   큰 가슴

그림 4-18 가슴 부위의 핸디캡을 보완하는 코디네이션

가슴 부위

가슴 부위의 체형적인 문제는 가슴의 크기, 즉 볼륨감에 있다.

가슴이 빈약한 체형은 프릴이나 러플, 셔링이 들어간 디자인이 좋으며 목걸이는 여러 줄 매거나 스카프로 가슴 주위에서 매듭을 묶어 주면 가슴 부위가 볼륨이 있어 보여 좋다. 또한 퍼프 디자인의 소매도 가슴 주위에 볼륨을 주는 디자인이다.

가슴이 지나치게 큰 체형은 가슴 주위에 절개선이 들어가거나 포켓과 프릴, 러플과 같은 디테일이 있는 디자인은 피해야 한다. 박스형의 셔츠나 레이어드 룩을 연출함으로써 자연스럽게 감추는 센스가 필요하다.

팔 부위

팔 부위의 문제라 하면 길이와 두께의 문제가 있다. 팔이 긴 체형의 경우 7부 소

<table>
</table>

긴 팔   짧은 팔   굵은 팔

그림 4-19 팔 부위의 핸디캡을 보완하는 코디네이션

매 길이나 커프스가 큰 셔츠나 블라우스, 폭이 넓은 팔찌를 선택하면 좋다. 또한 긴 팔에 시선이 머물지 않도록 화려한 스카프나 머플러, 귀고리, 모자, 선글라스 등으로 포인트를 주어 시선을 끌어 올려주는 것도 좋다.

반면 팔이 짧다면 9부 길이의 소매나 캡이 달린 짧은 소매를 선택하거나 아니면 평균보다 조금 길게 소매를 선택하는 것도 좋다. 또한 래글런 소매나 기모노 소매와 같이 어깨선이 없는 소매 디자인은 짧은 팔의 신체 단점을 커버할 수 있다.

팔의 굵거나 가는 경우 두 경우는 다 너무 끼는 셔츠나 블라우스는 좋지 않다. 남성의 경우는 운동을 통해 팔의 두께를 오히려 건장함으로 바꾸어 볼 수 있다.

허리 부위

허리 부위는 길이와 굵기의 문제가 있다. 허리가 너무 긴 경우는 하체가 짧아 보이며 허리가 짧은 경우는 상체가 짧아 다리가 길어 보일 수 있으나 상대적으로 상

  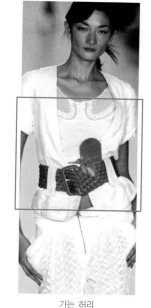 

긴 허리　　　　　　짧은 허리　　　　　　가는 허리　　　　　　굵은 허리

그림 4-20 허리 부위의 핸디캡을 보완하는 코디네이션

반신이 뚱뚱해 보일 수 있다.

　허리가 짧은 경우는 허리선이 없거나 허리선이 낮게 디자인된 상의를 선택하거나 벨트를 통해 허리선을 낮추어 주는 것도 좋다. 목이 짧지 않다면 스탠드 칼라와 같은 목선을 높여주는 것도 효과적이며 캐주얼한 힙합 스타일의 바지도 멋스럽다.

　허리가 긴 경우는 넓은 목둘레선이나 칼라로 시선을 수평으로 열어주고 하이 웨이스트 스타일의 의복으로 허리선을 위로 올려주는 것이 좋다. 사파리 재킷과 같은 포켓이나 벨트 디테일이 있는 상의를 입으면 시선을 분산시켜 긴 허리를 보완할 수 있다.

　허리가 굵은 경우는 시선을 다른 쪽으로 유도하는 것이 좋다. 시원하게 파인 네크라인이나 스카프를 이용하여 시선을 위로 올려주거나 적당히 가벼운 직물의 의복으로 레이어드시키면 굵은 허리를 보완할 수 있다. 반대로 허리가 너무 가늘고 배가 밋밋할 경우는 허리선이 없거나 가슴과 엉덩이 사이가 여유있는 의복 등이 바람직하며 상의를 내어 입을 수 있는 셔츠나 패턴이 들어간 짧은 재킷 등도 활동적이고 발랄해 보인다. 액세서리를 착용할 경우, 굵은 벨트를 착용하거나 장식성이 강한 벨트를 약간 느슨하게 매어주는 것도 좋다.

엉덩이 부위

엉덩이 부위는 처지거나 볼륨이 크거나 작을 경우에 문제가 될 수 있다. 엉덩이가 처진 경우는 시선을 위로 올려줄 수 있는 귀고리나 목걸이, 모자, 선글라스를 스타일 연출에 추가하는 센스가 필요하다. 너무 꽉 끼는 바지나 스커트는 피하는 것이 좋으며 재킷이나 베스트로 엉덩이를 살짝 덮어 주는 것도 좋다.

엉덩이가 클 경우 상반신에 볼륨이 있는 의복을 선택해서 상하의 불균형을 커버하거나 엉덩이를 덮는 길이의 상의를 선택하여 살짝 가린다. 하의의 경우 너무 꽉 끼지 않는 헐렁한 바지나 플레어 스커트와 같은 자연스럽게 흘러내리는 디자인이 좋다. 반대로 엉덩이가 작을 경우는 아래로 갈수록 좁아지는 테이퍼드형이나 앞주

패션과 이미지 메이킹

처진 힙　　　　　　　큰 힙　　　　　　　작은 힙

그림 4-21 엉덩이 부위의 핸디캡을 보완하는 코디네이션

름이 있는 바지, 엉덩이 부분에 장식용 포켓이 있는 디자인을 선택하면 좋다.

다리 부위

　다리 부위는 길이와 굵기, 휜 정도가 의복을 선택하는 데 영향을 미친다. 다리가 짧은 경우는 턴 업스 스타일이나 밑위가 짧은 바지 등은 피하는 것이 좋다. 짧은 상의나 하이 웨이스트 상의에, 하의와 같은 색상의 스타킹과 구두를 같이 매치하면 다리가 길어 보인다. 여기에 길이감을 줄 수 있는 선을 이용한다면 두 배의 효과를 노릴 수 있다.

　다리가 휘거나 아주 가는 경우는 헐렁한 형태의 바지나 치마가 좋다. 너무 짧은 부츠는 좋지 않으며 긴 부츠를 선택하더라도 꽉 끼는 디자인보다 약간의 여유가 있는 것이 좋다. 또한 트위드나 코듀로이 같은 두께감이 있는 소재, 대담한 격자나 체크 무늬의 스커트나 바지, 가는 다리를 커버할 수 있는 레그워머도 멋스럽다.

짧은 다리　　　　　　　　휜 다리　　　　　　　　가는 다리

그림 4-22 다리 부위의 핸디캡을 보완하는 코디네이션

나의 체형 분석하고 수정방법을 설명해 보기

1 신체 사이즈(body size)

- 키(height) :   작은(160 이하) □   평균(160~168) □   큰(168 이상) □
- 무게(weight) :   가벼운 □   평균 □   무거운 □

2 신체 유형(body shape)

어깨폭, 허리, 힙 싸이즈를 측정하고 가장 유사한 유형에 체크하세요.

사각형 □   삼각형 □   역삼각형 □   모래시계형 □

3 신체 프로포션(body proportions) – 이상적인 체형을 참고로 신체 그래프를 사용하세요.

- 머리 크기(head size) : 작은 □   평균 □   큰 □
  (평균 크기는 첫 번째와 두 번째 사이에 위치)
- 어깨(shoulders) :   처진 □   솟은 □   평균 □   좁은 □   넓은 □
- 허리(waist) :   가는 □   굵은 □   평균 □   짧은 □   긴 □
- 힙(hips) :   작은 □   평균 □   큰 □
- 다리(legs) :   짧은 □   평균 □   긴 □

4 측면, 윤곽(profile) – 거울을 보고 자신의 프로필을 체크해 보세요.

- 가슴(bust) :   작은 □   풍만한 □   평균 □   처진 □   높은 □
- 배(tummy) :   밋밋한 □   평균 □   나온 □
- 엉덩이(derriere) :   밋밋한 □   평균 □   풍만한 □

5 체형분석 수정방법

장점

단점

6 자신의 체형 사진을 찍어 본뜨기를 한 후 전체 체형과 부분체형을 분석합니다. 체형의 결점을 보완하고 장점을 살린 연출사진을 찍고 이를 설명해 봅니다.

체형사진	본뜨기	연출사진
Before		After

어패럴 연출

1. 여성 패션

재 킷

 여성에게서 재킷^{jacket}은 사회 진출이 활발해지기 시작한 20세기 초기를 넘어서면서 많이 애용되기 시작한 아이템이다. 재킷을 중심으로 한 스커트나 바지 정장은 커리어우먼의 전형적인 모습으로 여겨지고 있다.

 기본적으로 테일러드 칼라의 싱글 재킷은 유행을 타지 않는 디자인이다. 그 외에 칼라가 없는 라운드나 브이형 네크라인의 재킷도 있는데 이는 재킷의 칼라가 없으므로 안에 받쳐 입는 블라우스나 셔츠, 스카프와 같은 액세서리에 포인트를 두는 것이 좋다.

 한편, 트위드나 헤링본 소재의 재킷, 글렌 체크나 하운스 투스 체크와 같은 클래식한 패턴의 재킷은 유행을 타지 않으며, 어떠한 의상과도 무난하게 어울리는 실용 아이템이다.

글렌 체크 재킷

하운드 투스 재킷

트위드 재킷

헤링본 재킷

그림 5-1 다양한 재킷

스커트

스커트skirt는 하반신을 감싸는 의복으로 여성의 의복 중에서 가장 오래된 원시적인 형태를 지니고 있는 의복 중 하나이다. 스커트는 길이에 따라 팬티를 가릴 정도의 짧은 길이의 마이크로 미니micro mini, 무릎에서 11~16cm 정도 올라 온 미니mini, 무릎길이의 니렝스knee length 무릎에서 3~7cm 정도 내려온 스트리트 렝스street length, 무릎에서 좀 더 내려온 미디midi와 발목, 발등까지 오는 맥시maxi, 구두 뒤꿈치까지 내려와 땅에 닿는 롱long 스커트가 있다. 길이가 짧은 미니스커트는 젊음과 발랄함을 대표하며 무릎 길이의 타이트 스커트는 지적이고 도회적인 이미지를 표현하는 데 효과적이다. 또한 A라인, 플레어, 플리츠 스커트는 활동성이 있으면서도 하체 비만의 체형 단점을 커버하는 데 좋다.

<table>
<tr><td>미 니</td><td>니랭스</td><td>맥 시</td><td>롱</td></tr>
</table>

미 니 니랭스 맥 시 롱

그림 5-2 다양한 스커트

부산포 이미지 메이킹

셔츠형 리본형 새 시 스 목

그림 5-3 다양한 블라우스

블라우스

블라우스blouse의 어원은 로마네스크 시대 농민들의 작업복인 블리오bliaud에서 유래하였다고 한다. 블라우스를 스커트 허리에 넣어 입어 블루종blouson이 된 데에서 명칭이 붙여졌다고 전해진다. 이는 흔히 여성과 아동들이 상반신에 입는 가벼운 소재로 만든 헐렁한 셔츠형을 말한다.

블라우스는 여성의 대표적인 상의 아이템이다. 모던하고 매니시한 이미지를 주고자 할 때는 디자인이 단순한 셔츠웨이스트 블라우스를 선택하는 것이 좋다.

여성적이고 우아한 느낌을 살리고자 하면 드레이프형 넥neck이나 리본을 맬 수 있는 칼라 디자인이나 부드럽고 가벼운 소재, 플라워 프린트가 있는 디자인이면 좋다.

쉬어가기

미니스커트

1965년 영국에서 등장한 미니스커트(mini skirt). 우리나라에서는 해외 공연을 마치고 돌아온 윤복희가 1967년 김포공항에서 미니스커트를 입고 내리면서 처음 선보였다. 풍기문란이라는 일각의 비판도 컸지만, 60년대 후반부터 70년대까지 미니스커트의 전국적 열풍은 엄청나게 거셌다. 그 열기의 씨앗을 가수 윤복희가 처음 뿌린 셈이다.

다리를 거의 다 드러내는 미니스커트의 출현은 1964년 영국의 디자이너 메리 퀸트(Mary Quant)에 의해 시작되었다. 1960년대 영국에서 미니스커트가 출현했을 당시는 다리를 외설적인 것으로 여겨 그 단어를 사용하기조차 꺼렸으며, 심지어 그랜드 피아노의 다리도 감싸야 했던 보수주의에 대한 반동이라는 사회 심리적인 해석이 가능했다. 또한 당시의 과다한 세금과 절약에 대한 부담으로 인해 옷감을 절약하는 미니스커트가 탄생되었다는 믿지 못할 배경도 존재한다.

우리나라에서도 가수 윤복희가 기폭제가 되어 번진 미니스커트의 위력은 풍속사범으로 처벌을 할 정도였으니, 참으로 놀라운 것이었다. 다시 찾아온 미니스커트의 유행. 섹스어필의 키워드에서 벗어나 건강함과 발랄함, 싱그러움을 대하는 시선으로 평가해보면 어떨까.

메리 퀸트의 미니스커트

셔츠웨이스트   슈미즈   슬리브리스   스트랩리스

그림 5-4 다양한 원피스 드레스

원피스 드레스

원피스 드레스one-piece dress는 상체와 하체 부분이 하나로 연결된 드레스를 말한다. 블랙이나 화이트의 일자형 원피스 드레스는 가장 베이직한 아이템이다. 원피스 드레스와 같이 한 가지 단품piece을 가지고 여성스럽고 우아하며 발랄한 느낌을 간편하게 낼 수 있는 아이템도 드물며 아직까지는 여성들만이 누릴 수 있는 특권이다. 셔츠웨이스트 드레스는 캐주얼한 느낌을, 소매가 없는 슬리브리스 원피스나 단순한 튜닉형의 슈미즈 드레스, 어깨에 끈이 없는 스트랩리스 드레스에 짧은 가디건을 함께 연출하면 발랄하고 여성스러운 느낌을 줄 수 있다.

팬 츠

허리에서 시작하여 힙과 양쪽 다리를 포함한 하반신의 옷을 팬츠pants라 한다. 영어로는 트라우저즈trousers, 슬랙스slacks라고도 하며 불어로는 판탈롱pantalon이라고

쇼 츠 버뮤다 카프리 슬랙스

그림 5-5 다양한 팬츠

한다. 바지pants가 여성의 일상복으로 정착하기 시작한 때는 1910년대 자동차의 발명과 제1차 세계대전의 영향이 컸다. 20세기 초기에는 여성들이 자전거를 타거나 테니스를 칠 때 스커트 안에 입는 정도였으나 1차 세계대전 이후 사회 진출이 많아지면서 바지가 보편화되기 시작하였다.

일자형 바지는 체형에 상관없이 가장 무난하게 입을 수 있는 디자인이다. 무릎 밑으로 퍼지는 트라페즈형 디자인은 다리를 날씬하고 길어 보이게 하는 효과가 있다. 또한 밑으로 갈수록 좁아지는 테이퍼드형 바지는 발목이 가늘고 긴 체형에 어울린다. 바지의 길이에 따라 아주 짧은 쇼츠, 무릎 길이의 버뮤다, 종아리까지 오는 카프리, 일반적으로 무릎을 덮는 슬랙스로 구분하기도 한다.

베스트

베스트vest는 소매 없는 상의로 블라우스나 스웨터, 셔츠 위에 입거나 투피스나

그림 5-6 다양한 베스트

수트 또는 코트 안에 입는 옷으로 길이는 허리 위 또는 아래, 7부 길이의 튜닉, 롱 길이까지 다양하다. 본래 17, 18세기에 남자들이 코트^{coat} 속에 입었던 몸에 꼭 맞는 의상이었다. 하의와 밸런스를 고려하여 길이를 정하고 앞을 트거나 박기도 하며 소매를 완전히 없애기도 하고 짧게 달기도 하여 전체 분위기를 살린다. 단순한 방한용을 넘어 의상 전체의 밸런스를 맞춰주는 효과적인 아이템이다.

가슴이 큰 여성일 경우에는 몸에 딱 맞는 정장용 웨스킷 베스트는 피하는 것이 좋으며, 길이가 긴 베스트를 선택하여 다른 상의와 겹쳐 입는 레이어드 스타일의 연출이 효과적이다.

코 트

코트는 방한을 위한 실용적인 목적은 물론 스타일을 완성하고 마무리하는 아이템으로 체형의 단점을 커버하는 데 효과적이다. 헤링본 소재의 반코트는 실용적이며 플레어 코트는 키가 큰 체형이나 엉덩이가 작은 체형에 어울리는 디자인이다.

키가 작거나 허리가 굵은 체형일 경우 벨트를 매거나 허리 부위에 가로 절개선이 들어간 디자인은 피하는 것이 좋다.

자유롭고 캐주얼한 보헤미안이 되고 싶다면…

경기 침체로 사람들이 점차 실용적인 성향을 드러내고 추위에 맞설 수 있는 기능성 아이템에 대한 수요도 높아지면서 올겨울엔 패딩 외투의 인기가 대단하다. 대세가 되고 있는 패딩 트렌드의 한가운데에서 색다른 외투를 찾는 사람들의 고민도 계속되고 있다.

이들에게 이국적인 판초 코트를 추천한다. 판초는 원래 남아메리카 인디언의 민속의상이다. 직사각형이나 마름모 형태의 모직 천 가운데를 뚫은 뒤 머리를 내놓고 아래로 늘어뜨려 입는 형태의 옷으로, 남미 특유의 원색 패턴이 사용된다. 이번

시즌 해외 패션 컬렉션에서 등장한 판초 코트는 소매가 달린 롱코트가 주를 이룬다. 1970년대의 영향을 받은 보헤미안 스타일로 몸 전체를 감싸며 편안하게 걸쳐지는 여유 있는 실루엣이 특징이다. 색감은 추운 계절에 맞춰 한 톤 정도 낮아졌고 부분적인 스티치와 패치워크로 이국적인 요소를 절제해 표현했다.

단추를 아예 생략하거나 단추 하나로만 포인트를 주는 형태로 간결하게 마무리한 여밈 형식도 눈여겨볼 필요가 있다. 일반적으로 롱코트는 무겁고 착용하기 부담스럽게 여겨지지만 판초 코트는 한층 자유분방하고 캐주얼한 느낌이다. 파리 컬렉션에서 '바네사 브루노(왼쪽 사진)'는 두께감 있는 울 소재에 손자수로 수공예적인 요소를 더했고, 뉴욕 컬렉션의 '데릭 램(가운데 사진)'은 회색 모직 소재에 가죽으로 트리밍한 삼선무늬를 제안하면서 한층 현대적인 느낌을 준다. 판초 코트는 칼라 없이 열어서 입는 경우가 많기 때문에 방한을 위한 액세서리를 함께 코디해 주는 것이 좋다. 이국적인 패턴의 니트 머플러와 귀마개로 부드럽고 따뜻하게 스타일링하거나 긴 가죽장갑, 무릎길이 부츠로 다소 터프하게 연출해 볼 수 있다.

지금까지 이국적인 요소는 강렬한 색감과 프린트를 앞세워 여름 바캉스 시즌의 모티브로 활용됐다. 겨울에는 북유럽 정서를 느끼게 하는 노르딕 패턴으로만 그 흐름을 이어가곤 했다. 하지만 올겨울엔 이 추운 날씨에도 남미풍의 이국적 패션을 즐길 수 있게 된 것이다. 자유로운 보헤미안 스타일을 내기 위한 '패션 솔루션'은 판초 코트에 있다.

자료: 동아일보(2012년 1월 13일자).

2. 남성 패션

재 킷

재킷jacket은 상의의 총칭으로 수트의 세트set 개념으로의 상의가 아닌 단독 아이템으로서의 개념이다. 수트suit는 남자의 상의(재킷 또는 코트), 베스트, 바지의 세 가지가 갖추어진 한 종류의 소재로 된 한 벌의 신사복을 의미하며, 재킷은 정장용이 아닌 세미 정장용 상의를 말한다. 남성 패션에서 가장 중요한 아이템 중의 하나인 재킷은 19세기 후반 교외 스포츠와 오락이 대중화되기 전에는 일부 상류층 신사들이 스포츠를 즐길 때 주로 입는 것이었다.

재킷의 기원은 빅토리아 시대 영국의 노퍽Norfolk 공작이 즐겨 입었던 수렵복 노퍽 재킷에서 비롯되었다. 노퍽 재킷은 어깨 부위가 느슨하고 편안할 뿐만 아니라 앞쪽에 두 군데, 뒤쪽에 한 군데 넓은 주름을 잡아서 몸을 움직이기 쉽도록 고안되었다. 이는 스포츠를 즐기는 사람들을 위한 스포츠 재킷으로 이어졌으며, 1920년대를 즈음해서 스포츠 목적 이외의 지금과 같은 개념의 재킷으로 입기 시작했다.

(1) 블레이저

블레이저blazer는 재킷의 한 종류로 캐주얼웨어에서 포멀웨어로까지 표현 영역이 자유로운 품목이다. 블레이저는 재킷과 바지가 각각 다른 색상으로 대비하여 입는 콤비네이션 옷차림으로 권위와 신분의 상징인 금속 단추와 가문 또는 클럽을 표현하는 엠블렘으로 장식하며 싱글의 2버튼, 3버튼과 더블 브레스티드의 4버튼, 6버튼의 스타일이 있다.

블레이저는 네이비 블루의 플란넬 소재로 만들어진 것이 가장 대표적인 것으로 보통 회색의 플란넬 바지가 가장 정통한 차림이며, 오늘날에는 베이지색 바지와 매치시키기도 하는데 V존 부분을 바지와 관련된 색상으로 조화시키고 넥타이의 무늬로 포인트를 주면 신선하게 느껴진다.

블레이저　　　　　사파리 재킷　　　　　스포츠 재킷

그림 5-7 다양한 재킷

(2) 사파리 재킷

사파리 재킷safari jacket은 1920년대 식민지 시대의 사냥꾼들이 숲속에서 사냥을 할 때 적도의 더운 기후와 우거진 숲에서의 마찰을 잘 견딜 수 있는, 물 빨래가 가능한 가벼운 옷을 필요로 하게 되면서 생겨났다.

이와는 비슷한 목적으로 슈팅 재킷shooting jacket이 있다. 이는 과거 귀족들의 사냥복에서 유래한 것으로 어깨에는 건 패치gun patch, 팔꿈치에는 엘보 패치elbow patch가 달려 있고, 닳지 않도록 가죽을 대고 있으며 탄약 등을 쉽게 넣을 수 있는 플리츠 포켓pleats pocket이나 벨로즈 포켓bellows pocket 등 주름잡힌 포켓이 있어 기능적이다.

또한 스포츠 및 레저와 관련된 재킷으로 해킹 재킷hacking jacket이 있는데 '말이 달린다'는 뜻의 핵hack에서 유래되어 보통 승마할 때 입도록 고안된 디자인으로 작은 칼라collar에 3~4개의 단추, 해킹 포켓과 티켓 포켓이 달려 있다.

(3) 스포츠 재킷

캐주얼 재킷sports jacket이라고도 하는 이 재킷은 특별한 스포츠의 실용복으로 만들어진 것이 아니라 일상적으로 재킷이라고 일컫는 스타일을 말한다. 특별한 디자인이나 색상, 무늬가 정해진 것이 아니며 계절이나 개인의 취향에 맞게 다양하게 연출할 수 있다. 소재로는 코튼cotton, 시어서커seersucker, 트위드tweed, 코듀로이corduroy 등이 많이 사용되며 대담한 무늬나 화려한 컬러를 사용하여 수트에서 오는 단조로움에 변화를 줄 수 있다.

팬 츠

남성복에서의 일반적인 팬츠pants 형태는 일자형과 아래로 가면서 끝이 좁아지는 테이퍼드tapered형이 있다. 프랑스 혁명 전까지만 하더라도 신사라면 통이 좁아 몸에 끼는 판탈롱pantalon을 입었으며 지금의 바지는 어부들이 입는 작업복으로 여겨졌다.

옥스포드백스(1925)

턴 업스

테이퍼드

청바지

그림 5-8 다양한 팬츠

산업혁명 이후 20세기에 들어서면서 생활의 변화를 통해 기능적이고 미적인 측면을 만족시키는 다양한 디자인이 나타나기 시작하였다. 그 대표적인 것이 트렌디한 옥스퍼드 백스^{oxford bags}와 스포츠의 대중화로 인한 니커보커즈, 노동자의 작업복이었던 데님 진의 대중화를 들 수 있다. 키가 작은 체형인 경우는 바짓 단을 올린 턴 업스^{turn-ups} 스타일은 피하는 것이 좋다.

셔 츠

셔츠^{shirts}는 직접 살갗에 닿는 의류로서 일종의 속옷 개념이며 남성에게는 수트만큼이나 신사를 상징하는 중요한 아이템 중의 하나이다. 『A Gentleman's Wardrobe』의 저자 폴 키어스^{Paul Keers}는 "흰색 셔츠는 항상 신사의 상징이다. 흰색은 쉽게 더러워지므로 그가 책상에서 일하는 사람인가, 훌륭한 세탁을 감당할 수 있는 사람인가를 표시하게 된다."고 하였다.

19세기 후반까지는 신사라면 누구나 수트 속에 소매가 길어 밴드로 묶어 입는 흰색 셔츠를 입었다. 우리가 흔히 수트 안에 입는 옷을 '와이셔츠'라고 하는데 이는 '화이트 셔츠'의 잘못된 일본식 발음으로, 정식 명칭은 '셔츠' 또는 '드레스 셔츠'이다. 다양한 컬러^{color}와 패턴이 들어간 셔츠가 유행해도 화이트 셔츠는 셔츠의 대명사이다.

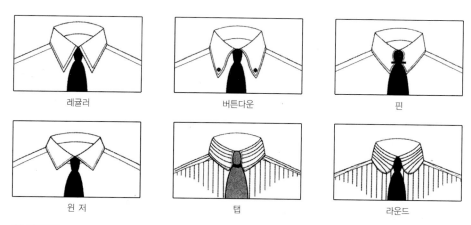

레귤러	버튼다운	핀
원저	탭	라운드

그림 5-9 다양한 칼라 디자인

그림 5-10 셔츠 코디네이션

　셔츠는 재킷을 입었을 때 칼라 위로 1.5cm, 소매 밖으로 1.5cm 정도 나오는 것이 좋으며, 넥 밴드^{neck band}는 목둘레보다 0.5cm 정도 여유가 있는 것이 좋다.

　셔츠의 생명은 칼라^{collar}라 할 정도로 가장 먼저 눈에 띄는 중요한 부분으로서 옷의 실루엣과 셔츠의 수명을 결정짓는 중요한 부분이다. 셔츠의 칼라는 입는 사람의 체형에 따라 다르게 선택하여야 한다. 체격이 큰 사람은 큰 칼라가, 작은 사람은 작은 칼라가 적당하다. 보통 체격의 남성은 칼라의 폭이 6~7.5cm 정도에 칼라 각이 75° 정도의 레귤러 칼라 셔츠가 적당하다. 또한 목이 짧은 사람은 넥 밴드가 낮은 것을 선택하고 얼굴이 넓고 목이 굵은 사람은 칼라 끝이 둥근 라운드 칼라나 칼라 각도가 큰 스프레드 칼라는 피하는 것이 좋다. 셔츠의 칼라 디자인을 선택하는데는 얼굴형이나 목 둘레 및 높이 등 자신의 신체적 특성에 반대되는 스타일로 선택하는 것이 좋다.

　레귤러 칼라(regular straight-point collar)　모든 이에게 무난하게 어울리는 디자인으로 캐주얼 스타일을 제외하고 어떤 수트와도 어울린다.

버튼다운 칼라(button-down collar) 칼라 깃의 끝을 단추로 고정시킨 칼라이다. 미국의 브룩스 브러더스^{Brooks Brothers}사가 폴로 셔츠를 본떠서 만든 것에서 유래한 것으로 깃이 부드러운 것이 특징이다. 스포츠 웨어에서 비롯된 것인 만큼 젊고 활동적인 스타일에 어울리며 때론 포멀하고 드레시한 수트와 함께 연출하여 색다른 분위기를 나타내기도 한다.

핀 칼라(pin collar) 두 깃 사이에 핀을 통해 타이를 제 자리에 깔끔하게 모아주며 빳빳한 깃의 경우 포멀한 스타일에 부드러운 옥스퍼드 천일 경우 캐주얼한 의상과 잘 어울리나 목이 짧은 사람은 답답해 보일 수 있다.

윈저 칼라(windsor collar), 탭 칼라(tab collar) 윈저공에 의해 개발된 것이다. 윈저 칼라 셔츠의 경우 자신이 개발한 넥타이 매듭법인 윈저 노트^{Windsor knot}에 어울리도록 개발된 것으로, 칼라 각도가 110~140°인 가장 포멀한 타입으로서 싱글보다는 더블 브레스티드 수트에 특히 잘 어울리며, 얼굴이 좁고 긴형이 선택하면 좋다. 탭 칼라의 경우 깃 양쪽에 1cm 정도 폭의 고리^{tab}가 달려 있어 타이를 고정하는 역할을 하며 핀 칼라 셔츠만큼 까다롭지 않아 일반적으로 많이 애용된다.

칼라 끝이 둥근 라운드 칼라(rounded collar) 영국의 이튼^{Eton} 같은 명문학교 학생들이 즐겨 입었기에 클럽 칼라^{club collar}라고도 부른다. 깃에 풀을 먹여 입을 경우는 포멀한 스타일에 잘 어울리며 풀을 먹이지 않을 경우는 승마복 등의 스포츠 재킷에 잘 어울리나 둥근 얼굴형의 사람은 피하는 것이 좋다.

이러한 남성의 가장 기본적인 패션 아이템인 드레스 셔츠는 스포츠, 레저생활의 발달과 함께 캐주얼화 경향을 띠면서 색상이 화려해지고 셔츠의 형태가 다양화되기 시작하였다. 같은 색상의 셔츠라도 디자인의 차이나 어떤 아이템과 코디네이션 하느냐에 따라 다양한 느낌을 만들어 낼 수 있다.

베스트

베스트^{vest}는 넥타이와 함께 남성복에서 가장 장식적인 아이템이다. 베스트는 17

오드 베스트   아우터 베스트

그림 5-11 다양한 베스트

세기 경 영국의 찰스 2세가 지나친 향락과 사치를 금지시키기 위한 방법으로 페르시아에서 들여온 것이다. 그 당시 베스트는 길이가 길어 안에 입은 옷을 모두 가렸으나 18세기 경부터 길이가 짧아지기 시작하였다. 2차 세계대전까지 겨울철 방한용으로 재킷 안에 애용되다가 2차 대전 당시 원단 부족과 중앙 난방의 출현, 기성복 산업이 활기를 띠면서 베스트는 체형에 맞게 개성적으로 연출하는 개인적인 취향으로 바뀌었다.

포멀 스타일의 베스트는 바지의 허리선을 감추는 길이가 적당하며 벨트 대신 서스펜더suspenders를 착용하는 것이 좋다. 또한 수트의 상의는 단추를 채웠을 때 그 위로 조끼가 살짝 보이도록 입는 것이 좋으며 셔츠의 칼라 끝은 살짝 누르는 듯하게 입어야 한다. 디자인의 다양화가 이루어지면서 캐주얼 스타일이 많이 보이고 있다. 재킷 안에 입는 것이 아니라 아우터 베스트outer vest로서 단독으로 입거나 오드 베스트odd vest로 재킷과 다른 천으로 변화를 보이고 있다.

코 트

코트coat는 겉옷으로서 상의를 말하며 18세기경부터는 덧입는 오버 코트over coat 의 의미로 재킷과 구분되었다. 코트는 방한의 목적은 물론 권위와 격식, 중후한 멋 과 개성을 나타내는 것으로 기본적인 코트 디자인은 다음과 같다.

(1) 체스터필드 코트

체스터필드 코트chesterfield coat는 19세기 영국의 체스터필드 4세 백작이 입기 시 작한 데에서 유래한 것으로, 프록 코트frock coat의 디자인을 기본으로 허리가 들어가 지 않는 형태의 가장 포멀한 코트이다. 예장용 턱시도나 다크 수트와 같은 포멀한 디자인의 수트와 어울리며 스포티한 캐주얼 차림과는 어울리지 않는다.

(2) 폴로 코트

폴로 코트polo coat는 폴로 경기 때 스포츠 관전용 또는 선수들이 벤치에서 입음으 로써 유래된 것이다. 더블 브레스티드 형식에 커다란 뚜껑 주머니를 달고 있으며 벨트를 매고 소매 커프스를 걷어올린 것이 디자인 특성이다.

스포츠용으로 개발된 초기와는 달리 오늘날에는 포멀 스타일로 일반화되었으며 체격이 큰 사람에게 잘 어울린다.

(3) 트렌치 코트

트렌치 코트trench coat는 1차 세계대전 당시 영국군 장교들이 참호 안에서 착용한 데서 유래한 코트 형태이다. 레인코트의 일종으로 같은 천으로 어깨에서 앞가슴에 걸쳐 스톰 플랩storm flap이 붙어 있으며 등에는 케이프 백cape back과 더블 브레스티 드에 벨트를 매고 어깨 견장이 있는 것이 특징이다. 트렌치 코트의 디자인상의 특 징 때문에 다소 체격이 크고 건장한 사람에게 어울리며 포멀한 수트와 재킷, 블레 이저와 함께 연출하면 좋다.

체스터필드 코트   폴로 코트   트렌치 코트   브리티시 웜 코트

발마칸 코트   더플 코트   피 코트

그림 5-12 다양한 코트

(4) 브리티시 웜 코트

브리티시 웜british warm 코트는 영국 병사들이 전선에서 처음 입은 데서 비롯된 것으로 전후 일반인들에게까지 유행한 전원용이다. 원래 길이가 좀 짧은 더블 브레스티드 수트 스타일이며 양털로 된 안감을 달 수 있게 되어 있으나 길이를 길게 하여 그 위에 벨트를 매기도 한다. 황갈색의 멜턴 울melton wool에 갈색 가죽 단추, 어깨 장식을 갖추고 있는 것이 특징이다.

(5) 발마칸 코트

발마칸 코트balmaccan coat는 포멀이나 캐주얼에 모두 잘 어울리며 래글런raglan 소매에 아랫 부분이 약간 플레어져 여유가 있는 심플함이 그 특징이다. 원래 트렌치 코트와 함께 레인 코트를 대표하는 품목이었지만, 오늘날에는 오버 코트로 많이 입으며, 입는 사람의 체격에 상관없이 누구에게나 잘 어울린다.

(6) 더플 코트

더플 코트duffle coat는 북유럽 어부들의 옷에서 유래가 된 것으로 제 2차 세계대전 중 영국 해군이 착용하였으며 그 후 스포츠 코트에 사용되어 인기를 모으면서 세계적으로 널리 퍼졌다. 후드가 달린 짧은 싱글 코트로 추위에 언 손으로도 쉽게 여미거나 열 수 있도록 단추 대신 나무로 만든 토글toggle과 삼으로 만든 끈이 달려 있다. 주로 캐주얼 의상과 함께 멋지게 연출할 수 있으나 의외로 포멀 스타일과도 어울린다. 나이, 직업, 체형에 관계없이 자유롭게 착용할 수 있는 특징이 있다.

(7) 피 코트

피 코트pea coat는 어부의 상의에서 유래가 되어 영국 해군의 선원용 코트로 사용되었다가 일반화된 마린 감각의 코트이다. 큰 리퍼 칼라reefer collar와 머프 포켓muff pocket이 달려 있는 것이 특징으로 스웨터나 셔츠 등 캐주얼한 옷과 스포티하게 입으면 어울린다.

3. 패션 액세서리

 의상을 갖추기 위한 '부속품'의 의미로 신체 부분에 직접 쓰거나 걸거나 끼는 장식품으로 액세서리는 의상을 더욱 아름답게 꾸미고 개성을 나타낼 수 있는 요소이며 더 나아가 토탈 코디네이션으로서 패션의 이미지를 창출하는 데 꼭 필요한 소품이다.

 액세서리는 시간, 장소, 목적에 따라 적절하게 사용하며 의상과 조화되고 되도록 한 곳에 포인트로 사용하는 것이 효과적이다.

 액세서리의 종류에는 가방, 구두, 벨트, 양말, 장갑, 모자, 시계, 안경, 스카프, 목도리, 목걸이, 귀고리, 브로치, 팔찌, 반지 등이 있다.

넥타이

 남성들에게 넥타이는 마음속의 깊은 감정이나 일시적 기분 등 은밀하고 미묘한 느낌을 통해 상대방과 교류하는 즐거움까지 누릴 수 있게 하는 패션소품이다.

 20세기 초까지 넥타이는 다양한 매듭 양식을 보여 왔으나 현대에 와서는 기본적인 플레인 노트plain knot와 와이드 칼라 셔츠에 어울리는 매듭에 볼륨이 있는 윈저 노트Windsor knot의 두 가지 방법이 일반적으로 사용되고 있다. 보통 넥타이는 바이어스 재단으로 바지의 허리벨트 버클을 가릴 정도의 길이가 적당하며 넥타이의 폭은 셔츠의 칼라와 재킷의 라펠 폭에 비례한다.

 남성의 전유물로만 여겨졌던 넥타이는 여성들의 매니시한 스타일 연출에 자주 등장하는 패션 소품이 되었다.

그림 5-13 넥타이 컬렉션

스카프와 머플러

스카프scarf와 머플러muffler는 작은 변화로 큰 변신을 할 수 있는 아이템이다. 스카프는 이제 방한용으로 가을, 겨울에만 사용되는 액세서리가 아니라 장식적인 역할로서 활용가치가 더 높다. 의상과 더불어 코디네이션해서 다양한 이미지로 전개시킬 수 있다.

스카프는 세퍼레이트separate 차림이나 캐주얼 분위기의 셔츠와 어울리며 정장용 드레스 셔츠에는 어울리지 않는다. 소재 또한 다양화되어 고급스러운 실크 소재, 부드러운 시폰 소재, 화려한 꽃 프린트와 다양한 컬러의 기하학적 무늬와 스트라이프 패턴 등이 사용된다.

스카프를 선택할 때는 얼굴형과 피부색, 원하는 스타일, 코디네이션 할 의상과의 조화를 잘 생각해야 하며 스카프의 소재와 패턴, 컬러와 디자인, 폭과 길이 등을 고려해 준다. 그 중에서도 스카프는 얼굴형에 민감한 아이템이므로 얼굴형에 따라 어울리게 코디네이션하는 것이 중요하다. 둥근 얼굴형에는 목선의 V라인을 강조

그림 5-14 다양한 스카프 연출

해 줄 수 있는 방법이 중요하므로 넥타이형이나 리본형을 작고 낮게, 혹은 목선이 보이도록 느슨하게 묶어주고, 네크라인을 여유 있게 파서 정면이 아닌 측면에 매듭을 만드는 방법이 좋다. 긴 얼굴형에는 계란형으로 보이게 스카프를 활용하는 것이 효과적이다.

　의상과의 조화는 상의인 셔츠나 재킷의 소재와 맞게 선택해야 하며 색상 역시 상의와 같은 계열을 선택하는 것이 기본이다. 하지만 옷의 무늬가 복잡하고 현란하다면 스카프의 색상을 단색 계열로, 반대로 옷이 너무 단조롭고 색상이 지나치게 가라앉은 톤이라면 다소 화려한 무늬나 밝은 색상의 스카프를 선택하여 매치시키는 것이 좋다.

복식과 이미지 메이킹

그림 5-15 머플러 컬렉션

또한 스카프의 크기는 다양한 연출이 가능한 넉넉한 크기가 실용적이므로 크게 접어 어깨를 감싸듯이 두를 수 있는 정사각형(36×36cm) 스타일과 손수건 크기의 미니 스카프, 정장 분위기에 어울리는 롱 스카프가 기본형이다. 스카프는 매듭과 두르는 부위에 따라 다양한 이미지를 연출할 수 있는 장점을 갖고 있다.

머플러는 은회색 실크나 자주색, 회색 캐시미어가 포멀한 의상에 일반적으로 많이 사용되며 최근에는 머플러에 포인트를 둔 스타일 연출이 많이 이루어지고 있다.

스카프 연출법

1. 롱 스카프 중간 부분을 고무줄로 묶은 다음 고무줄 사이로 스카프 양쪽을 조금씩 빼내 풍성한 꽃 모양을 만든다.

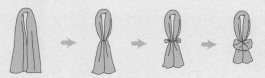

2. 사각 스카프를 반으로 접고 다시 대각선 방향으로 접은 뒤 어깨에 걸치고 양끝 부분을 반지 안에 교차시켜 넣는다.

3. 넥타이를 매듯이 긴 쪽을 두 번 돌려 매듭을 만들고 뒤에서 앞으로 뺀 후 끝을 벌린다.

4. 스카프 중앙에 매듭을 만든 뒤 양끝을 매듭 사이로 통과시킨다.

자료 : http://search.daum.net/cgi-bin/nsp/search.

목걸이

목걸이는 의상의 형태와 얼굴의 형태에 밀접한 연관이 있으며 목걸이의 길이와 재료에 따라서 다양한 이미지로 연출할 수 있다.

목걸이는 네크라인이 단순하고 많이 파진 디자인이 목걸이를 더욱 돋보이게 하며 V 네크라인의 공간을 중간에서 목걸이로 차단하는 것은 피하는 것이 좋다. 그리고 허리를 묶는 디자인의 의상에는 길게 늘어뜨리는 디자인은 피하는 게 좋다.

투박하고 넓은 목걸이는 목이 긴 사람이 착용하면 드라마틱한 분위기를 연출할 수 있고, 목이 굵은 사람이 짧은 길이의 목걸이를 한다면 오히려 역효과를 낼 수 있다. 또한 둥근 얼굴에는 쵸커 스타일의 목걸이를 하면 얼굴형이 더욱 강조된다.

표 5-1 목걸이 종류

목걸이 종류		특 징
쵸 커		길이가 36~40cm인 목걸이
프린세스		길이가 40~46cm인 목걸이
마티네		길이가 53~61cm인 목걸이
오페라		길이가 71~81cm인 목걸이
로 프		오페라보다 길이가 더 긴 목걸이

정장에 목걸이를 착용할 경우에는 심플한 디자인을 선택하는 것이 디자인을 더 돋보이게 한다. 목걸이 소재로는 다양한 종류가 사용되고 있으며 그 중 얼굴을 매혹적으로 보이게 하는 것은 진주, 보석, 수정, 금 등인데, 진주 목걸이는 어떤 옷에나 잘 어울린다.

안 경

안경은 시력 교정과 태양으로부터 눈을 보호하기 위한 목적뿐만 아니라 최근에는 패션의 일부분으로서 더 활용 가치가 있다. 트렌드에 민감하게 반응하며 패션의 완성도를 높여주는 시너지 효과를 만들어 낸다. 안경테flame의 소재와 형태에 따라서 다양한 이미지를 연출할 수 있다.

안경은 얼굴형과 조화를 이루는 것이 가장 중요하며 둥근 얼굴은 각진 안경테, 각진 얼굴은 둥근 테, 작은 얼굴은 테도 작고 좁은 것, 큰 얼굴은 테가 커야 잘 어울리며 안경 렌즈가 두껍다면 작은 안경테가 효과적이다. 호박이나 뿔테는 금속테보다 따뜻한 느낌을 주지만, 두꺼운 뿔테는 여름에 덥고 답답한 느낌을 줄 수 있다.

얼굴 피부가 흰 사람은 나약하게 보일 수 있으므로 은테를 피한다. 또한 얼굴 피부가 노란 사람은 노란 피부색이 강조될 수 있으므로 금테는 피하는 것이 좋다. 안경테의 윗부분은 눈썹의 모양을 자연스럽게 따르는 것이 좋고 눈 사이가 넓은 사람은 코에 걸치는 브리지 색이 짙어야 하며, 눈 사이가 좁은 사람은 브리지 색이 산

표 5-2 안경의 종류

안경의 종류		특 징
웰링턴형		플레임(flame) 원형의 하나로 각이 작게 잡혀진 사각형
폭스형		1950년대 중반 등장해 여우의 눈을 닮아서 붙여진 이름으로 플레임 양쪽 끝이 올라간 형태
로이드형		미국 희극배우 헤럴드 로이드가 애용한 데서 붙여진명칭이며, 두꺼운 테두리의 원형 플레임
보스턴형		둥근 형태이지만 원형이 아니라 밑이 약간 좁아지는 것이 특징임

그림 5-16 다양한 선글라스 종류

표 5-3 얼굴형에 어울리는 안경

얼굴형	안경테
타원형	• 어떤 안경테도 잘 어울리는 형 • 뿔테 원형 : 귀엽고 발랄한 느낌 • 오벌형의 금테 : 이지적 · 도시적인 이미지 • 원형의 금테 : 깔끔한 이미지 • 금속＋뿔 재질 : 자신만만한 이미지, 둥근형
둥근형	• 라운드형 뿔테 : 지적인 이미지 • 캣아이 스타일 : 얼굴을 길어 보이게 하는 효과 • 폭스형 : 샤프한 이미지
사각형	• 각진 안경테는 피함 • 직선과 곡선이 함께 있는 웰링턴 형이 얼굴선을 부드럽게 함 • 원형의 안경테는 각을 더욱 두드러지게 하므로 피하는 것이 좋음
삼각형	• 안경 선택 시 가장 유의해야 하는 얼굴형 • 턱의 선이 강하게 부각되므로 웰링턴 형은 피하는 것이 좋음 • 가벼운 플라스틱 재질의 오벌형과 내추럴한 컬러를 착용 : 발랄한 이미지 • 원형으로 과감한 연출도 효과적
마름모형	• 동양인에게 가장 많은 얼굴형 • 오벌형이나 보스톤형이 좋음 • 금테보다는 뿔테 안경이 날카로운 인상을 커버해주는 작용을 함

뜻하거나 밝은 색을 선택해 준다.

이렇듯 얼굴형을 고려해서 안경테와 형태를 선택하는 것이 전체적인 이미지 연출에 효과적이다.

벨트와 서스펜더

바지가 흘러내리지 않게 하기 위한 액세서리라는 공통점을 가진 벨트^{belt}와 서스펜더^{suspenders}는 동시에 착용해서는 안 된다. 벨트의 경우는 수트와 비슷한 색상이나 진해야 하며 포멀한 의복의 경우는 벨트의 폭이 너무 넓거나 버클이 눈에 띄는 것은 좋지 않다.

서스펜더는 18세기 바지를 보기 좋게 고정시키고 바지 주름 라인을 돋보이게 하기 위해 바지 주름선의 연장선상에 놓이게 사용되었다가, 현대에 와서는 이러한 기능적인 목적 이외에 자신의 취향에 따라 캐주얼 느낌으로도 멋스럽게 사용되고 있다. 현대적인 느낌을 표현하는 데는 금속 장식의 클립이 있는 것이 좋으며 고전적이고 전원적인 느낌을 표현하는 데는 바지 허리선의 단추에 끼워 넣을 수 있는 디자인을 선택하는 것이 좋다.

그림 5-17 벨트 컬렉션

구두와 양말

구두shoes는 패션을 마무리하는 단계에서 가장 중요한 품목 중의 하나이다. 구두는 기능적인 이유 외에도 착용한 사람의 센스나 사회적 지위를 나타내는 명백한 표현이 되기도 한다. 보통 수트보다 어두운 색을 선택하는 것이 일반적이며 밝은 색상의 의복일 경우 흰색이나 베이지색이 어울린다.

부츠boots는 길이가 긴 신발을 가리킨다. 처음에는 방수용이었으나 1960년대 미니의 등장과 함께 밝은 날 거리에서도 신을 수 있는 패셔너블한 스타일로 발달되었다.

양말은 바지, 구두와 동색 계열로 하며 바지가 밝을 경우 구두에 맞추는 것이 일반적이다. 보통 양말socks과 긴 양말knee socks로 나눈다. 짧은 양말은 스포츠웨어나 캐주얼용으로 좋다. 긴 양말은 앉을 때 바지 단이 올라가 맨살이 보이는 실례를 하지 않도록 정장용으로 좋으며 여기에 흰색은 금물이다.

그림 5-18 구두 및 부츠 컬렉션

모 자

모자는 머리에 쓰는 것의 총칭으로 '해트hat, 캡cap, 보닛bonnet, 후드hood, 베일veil' 등을 말한다. 모자를 쓰는 목적은 더위, 추위 및 자연으로부터 머리를 보호해 주는 실용적인 것에서 시작하여 시대의 흐름에 따라 장식성이 강해지고 있다.

공식 모임인 오찬회나 리셉션에는 모자를 쓰는 것이 관례이며 예복이나 정장에 맞추어 쓰는 모자는 실내와 웃어른 앞에서도 쓰는 것이 원칙이다. 등산이나 비옷, 작업복 등의 모자는 실내에서 모자를 벗는 것이 바른 사용법이다.

그림 5-19 모자 컬렉션

스타일 중심을 잡아줘!
팬츠에 따라 골라 차는 벨트 스타일

1. 치노 팬츠 + 위빙 벨트

어느 스타일에나 두루두루 어울리는 치노 팬츠는 벨트 또한
가리지 않지만 제발 정장용 '아저씨 벨트'나 군대용 벨트처럼
생긴 스냅 버클은 삼가자. 최근 유행하고 있는 위빙 벨트
로 유러피언 감성을 어필하는 것도 좋겠다.

2. 모직 팬츠 + 심플한 가죽 벨트

포멀한 모직 팬츠에 캐주얼한 벨트나 정장용 벨트는 어울리
지 않는다. 이러한 팬츠야말로 벨트 찾기가 쉽지 않다. 이
때는 팬츠의 컬러와 통일되거나 톤온톤 무드의 가죽 벨트
가 좋다. 물론 너무 두껍지 않아야 한다.

3. 코듀로이 팬츠 + 캔버스 벨트

보는 것만으로도 따뜻한 코듀로이 팬츠는 텍스처가 느껴지는
프레피 풍의 캔버스
벨트가 제격이다. 하지
만 팬츠와 잘 맞는 컬
러를 고르는 것도 중요하다.

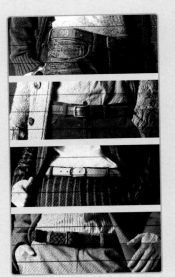

4. 데님 팬츠 + 얇은 가죽 벨트

진 팬츠를 입을 때 '왕
버클'이나 '간지 버클'
로 불리는 엄청난 크기
의 굵은 벨트는 이제 그
만할 때가 됐다. 할리데이비슨을 타고 다닐 것이
아니면 빈티지한 얇은 가죽 벨트로 세련된 느낌
을 더하자.

자료 : 맨즈헬스(2011년 11월호).

패션과 이미지 메이킹

자신의 옷장을 열어라!

5장에서 익힌 패션 아이템에 관한 지식을 바탕으로 자신의 옷장을 열어봅시다.

옷장에는 어떠한 패션 아이템이 구비되어 있습니까?

이번 기회를 통해 옷장도 정리하고 계획적인 쇼핑 리스트도 작성해 봅시다.

분 류	아이템	디자인	색상 / 무늬	수 량
상 의	코 트	트렌치코트 – 더블	베이지	1
		더플코트	카키, 레드	2
		판초코트 – 토끼털 트리밍	블랙	1
	재 킷			
	점 퍼			
	셔츠 / 티셔츠			
	니 트			
	블라우스			
	원피스			
	베스트			
하 의	스커트			
	팬 츠			
패션 액세서리	가 방			
	신 발			
	스카프			
	벨트 / 서스펜더			
	양말 / 스타킹			
	넥타이			
	선글라스			
	기 타	목걸이 귀걸이	진주, 18k 실버 링	2 1

Part 3
이미지 메이킹 하기

유형에 따른 코디네이션

오늘날 패션에 관한 의식은 지금까지의 획일적인 패션에서 개성화의 지향으로, 단품 지향의 경향에서 토탈 코디네이션의 지향으로 이행이 두드러지고 있다. 코디네이션coordination은 '대등, 통합, 조정, 종합' 등의 뜻을 지닌 말로, 이 용어가 사용된 것은 1960~1970년대부터이다. 특히 1973년 오일 쇼크 이후 소비자의 생활 의식이나 구매 형태가 '생활 방위형'에서 '더욱 나은 생활의 질'을 추구하는 방향으로 전환되면서 일반화된 말이다. 패션 코디네이트는 두 가지 이상의 물건을 균형 잡히게 조합하는 것이다. 단순히 패션만이 아니라 그 사람의 라이프스타일, 사회 환경까지 포함한 여러 가지의 조화이며 종합미를 만들어 내는 것이기도 하다.

1970년대부터 패션 잡지에서 패턴제도 페이지가 사라지고 코디 제안 페이지가 늘어나면서 옷 입기를 제안하는 스타일리스트 직업이 등장하기 시작하였다. 여기에 1970년대 중반 이후부터 성행한 캐주얼화 경향이나 레이어드 룩의 유행은 패션 액세서리나 헤어스타일, 메이크업과의 종합적인 조화를 살피는 토탈 코디네이션 개념을 부각시켰으며 나아가 생활 공간이나 라이프스타일 전반에까지 코디네이션 영역을 넓혔다. 오늘날 젊은이들의 '나만 좋으면 된다.'는 가치관과 플러스 α발상에 의해 다양한 스타일이 등장하고 있다.

1. 피스 코디네이션

피스^{piece}는 '조각, 단편, 일부분'의 사전적 의미를 바탕으로 패션에서는 재킷, 코트, 베스트, 바지, 셔츠, 스커트, 원피스 등의 단품을 가리킨다. 단품 구성으로 이루어지는 코디네이션 요령은 간단하면서 변화의 폭이 매우 다양하고 풍부하여 입는 사람의 개성에 따라 다른 멋을 낼 수 있다.

재킷 온 재킷(jacket on jacket)

재킷 위에 또 하나의 재킷을 겹쳐 입는 방법으로 테일러드 재킷에 의해 표현되는 경우가 많다. 안에 입는 재킷과 겉에 입는 재킷의 길이를 다르게 하던지, 재킷의 품이나 실루엣, 무늬나 컬러에 차이를 두어 연출할 수 있다. 이때 안에 입는 재킷은 단추를 잠근 상태로 입고, 겉의 재킷은 단추를 풀어 놓은 상태에서 입는 것이 일반적이다.

아우터 온 베스트(outer on vest)

베스트 위에 여러 가지 스타일의 겉옷을 겹쳐 입어 코디네이트시키는 것을 말한다. 베스트나 겉옷을 따로 따로 입는 것보다 베스트는 길게, 겉옷은 짧게 해서 조화시키면 다른 분위기를 연출하므로 현대의 감각적인 젊은이들이 많이 입고 있다.

셔츠 온 셔츠(shirt on shirt)

디자인이 비슷한 스포츠 감각의 셔츠를 조화시키는 것으로 셔츠 위에 셔츠를 겹쳐 입는 방법을 말한다. 속에 입는 셔츠는 품을 약간 작게 하고 겉에 입는 셔츠는 품을 크게 해서 소매 부분을 접어올리거나 컬러나 크기가 다른 체크무늬의 셔츠를 겹쳐 입는 것도 멋스럽다.

| 재킷 온 재킷 | 아우터 온 베스트 | 셔츠 온 셔츠 | 셔츠 온 스커트 |

 그림 6-1 피스 코디네이션 Ⅰ

셔츠 온 스커트(shirt on skirt)

길이가 긴 헐렁한 셔츠를 스커트와 조화시키는 방법이다. 즉, 길이가 긴 플레어 스커트에 튜닉 스타일의 긴 셔츠를 조화시켜서 민속풍의 에스닉한 이미지를 주거나 헐렁한 셔츠에 짧은 미니스커트를 코디네이션하여 발랄하고 활동적인 느낌을 연출해 볼 수도 있다.

스커트 온 스커트(skirt on skirt)

스커트 위에 스커트를 겹쳐 입는 방법은 동일한 아이템을 겹쳐 입는 부가법에 의한 연출로 주로 낭만적인 분위기를 연출하는 패션에 활용되는 경우가 많다. 스커트의 길이나 폭, 소재 또는 무늬에 변화를 주는 방법을 선택하면 손쉽다. 안에 입는 스커트는 길게, 겉에 입는 것은 짧게 연출하거나 안은 하드한 소재, 겉은 개더나 주름, 드레이프를 활용한 가벼운 소재를 매치하여 랩wrap이나 에이프런apron 식으로

스커트 온 스커트   스커트 온 팬츠   드레스 온 팬츠

그림 6-2 피스 코디네이션 Ⅱ

연출해도 좋다.

스커트 온 팬츠(skirt on pants)

캐주얼 스타일의 범람과 함께 패션의 자유화 물결의 하나로 지목되는 것으로서 타이트한 바지나 타이즈를 입고 그 위에 볼륨감 있는 치마를 겹쳐 입는 감각적인 모던 취향의 코디네이션을 말한다. 예를 들면, 청바지에 이국적인 느낌의 프린트가 가미된 큰 스카프를 랩 스커트로 연출하면 에스닉 느낌을 줄 수 있으며, 일자형 바지에 주름 스커트를 함께 매치하면 발랄함을 가미한 액티브 이미지를 줄 수 있다.

드레스 온 팬츠(dress on pants)

패션이 점점 캐주얼화되고 의복에 대한 고정관념이 허물어지면서 상식을 초월

코트 매칭

그림 6-3 피스 코디네이션 Ⅲ

한 새로운 형태의 옷차림으로 규칙을 무시한 방법 중의 하나이다. 즉, 원피스 속에 바지를 겹쳐 입는 방법으로 타이트한 바지에 길이가 짧은 튜닉형 원피스를 조화시키거나 청바지나 심플한 디자인의 바지에 면 스판 소재의 스포티한 원피스를 매치하는 것도 좋다.

코트 매칭 코디네이션 (coat-matching coordination)

보통 재킷과 스커트 또는 재킷과 바지의 세트 set 개념에서 벗어나 코트와 스커트, 코트와 바지를 같은 소재로 조화시키는 방법으로써 시각적 통일을 추구한 코디네이션이다.

2. 플러스 원 코디네이션

플러스 원 코디네이션plus one coordination은 어떤 스타일에 한 가지 아이템을 더해서 새로운 이미지로 변화시키거나 기존의 이미지를 더욱 더 풍부하게 부각시키는 연출 방법이다. 보통 스카프나 벨트, 목걸이, 모자 등과 같은 액세서리를 통해 포인트를 주는 방법이 주를 이룬다. 예를 들면, 검정 수트나 원피스에 강렬한 색상의 벨트나 스카프로 포인트를 주거나 다소 밋밋하고 개성 없어 보이는 의복에 목걸이나 코르사주, 모자, 가방 등으로 활력을 줄 수 있다. 또한 의복의 형태나 전체적인 느낌을 바꾸어 주는 방법으로 플러스 원 코디네이션이 쓰이기도 한다. 예를 들면 엘레건트 이미지의 원피스에 터번형 모자를 매치시킴으로 에스닉 이미지로 변화시키거나 포멀한 수트에 캐주얼 스타일의 아우터를 매치하여 중후한 느낌을 반전 시킬 수 도 있다. 플러스 원 코디네이션은 보조적인 연출이 아니라 작은 부분의 추가

그림 6-4 플러스 원 코디네이션

를 통해 시각적인 주목을 끌어 전체적인 스타일을 강조하거나 획기적으로 바꾸는 데 유익한 감각적인 연출 방법 중의 하나이다.

3. 크로스오버 코디네이션

크로스오버crossover는 '교차시킨다, 짜 맞춘다'라는 의미로 패션에서는 서로 상반되는 디자인이나 재질, 색채, 이미지 등을 매치시킴으로써 의외성을 강조하고 신선함을 추구하는 코디네이션 방법이다.

즉, 일반적인 사고에 의해 길들여진 시각에서 탈피하여 서로 상반되는 모양이나 이미지를 하나로 결합시켜 이질감이 주는 충격을 아름다움으로 승화시키고 거기에서 오는 신선한 느낌을 추구하고 있다.

이러한 믹스 앤 매치 스타일은 젊은 세대들이 그들만의 개성 연출을 위한 표현

그림 6-5 형태에 의한 크로스오버   그림 6-6 색채에 의한 크로스오버

방법으로 유용하게 사용된다. 기존의 상식과 틀에서 벗어난 색다른 멋을 제시하고 있는 크로스오버 코디네이션은 현대인에게 청량제 역할을 한다.

형태에 의한 크로스오버

실루엣의 대조에 의해 표현되는데 주로 상반신과 하반신의 볼륨에 있어서의 대조를 들 수 있다. 예를 들면, 꼭 끼는 바지에 박스형의 헐렁한 티셔츠나 일자형의 타이트 스커트에 빅 스타일의 하프 코트half coat를 매치해 볼 수 있으며, 반대로 상의는 몸에 꼭 끼는 스판 티셔츠에 헐렁한 힙합 바지나 풍성한 개더 스커트를 함께 연출하는 것도 한 방법이다.

한편, 짧은 숏 팬츠에 긴 베스트를 매치하는 길이에 의한 크로스오버도 생각해 볼 수 있다.

색채에 의한 크로스오버

주로 규범이 파괴된 배색, 상식적 시각에서 볼 때 쉽게 납득되지 않는 배색으로서 의외성을 추구하는 조화를 말한다. 예를 들면, 우리 눈에 친숙한 자연색과 인공색의 결합, 차가운 계열의 페일톤과 따뜻한 계열의 다크톤 배색, 선명한 톤과 탁한 톤의 다양한 컬러들의 배합과 같은 이질감을 강조한 인위적인 배색이 있다.

소재에 의한 크로스오버

전혀 어울리지 않는 소재, 즉 분위기나 용도, 이미지가 다른 소재의 의복을 이용하여 새로운 멋을 창조하는 것을 말한다. 예를 들면, 광택이 도는 팬츠에 따뜻한 느낌의 스웨터를 매치하거나 하드한 진 청바지에 여성스러운 레이스 블라우스를, 하드한 가죽 소재의 재킷에 부드럽고 비치는 시폰 소재의 스커트를 매치하는 방법 등이 있다.

그림 6-7 소재에 의한 크로스오버

이러한 소재에 의한 크로스오버는 현대의 냉, 난방시설의 발달로 계절에 따른 소재 사용 범위가 모호해지면서 계절에 상관없이 사계절 다양하게 연출해 볼 수 있는 패션에서의 시즈너블seasonable 코디네이션의 한 형태로 보이기도 한다.

이미지에 의한 크로스오버

개성적인 아름다움의 상징으로 평가되는 코디네이션 방법이다. 서로 반대되는 이미지의 결합으로 로맨틱 감각과 스포티 감각의 조화, 도시 감각과 전원 감각의 조화, 또 서로 반대되는 민속 의상과 이국적 스타일의 조화, 속옷과 겉옷처럼 용도가 다른 의상의 조화, 전통과 혁신의 조화 등이 있다. 구체적인 예로, 캐주얼한 바지에 턱시도나 모닝코트 등과 같은 예복용 상의를 매치시키는 것은 서로 다른 용도의 의복이 만난 감각적 코디네이션이다. 하늘거리는 시폰 소재의 여성스러운 원피스에 밀리터리형 점퍼나 사파리 재킷의 매치도 서로 상반되는 이미지에 의한 크로스오버이다.

그림 6-8 이미지에 의한 크로스오버

4. 컬러 코디네이션

톤 온 톤 컬러 코디네이션

　톤 온 톤 컬러 코디네이션tone on tone color coordination은 동일 혹은 유사한 색상의 조합에서 톤의 변화를 살린 방법이다. 톤 온 톤 배색은 동계색 혹은 단색상의 조합으로 무난하면서 정리된 배색효과를 나타낸다. 따라서 부드럽고 은은한 이미지를 표현하고자 할 때 효과적인 컬러 코디네이션이다.

　색상이 한정되어 있으므로 패션 연출에 있어 소재에 변화를 주거나 패턴이 들어간 아이템을 함께 스타일링 해줌으로써 더욱 세련된 느낌으로의 연출이 가능하다.

톤 인 톤 컬러 코디네이션

　톤 인 톤 컬러 코디네이션tone in tone color coordination은 동일한 톤에서 색상의 변화를

그림 6-9 톤 온 톤 컬러 코디네이션

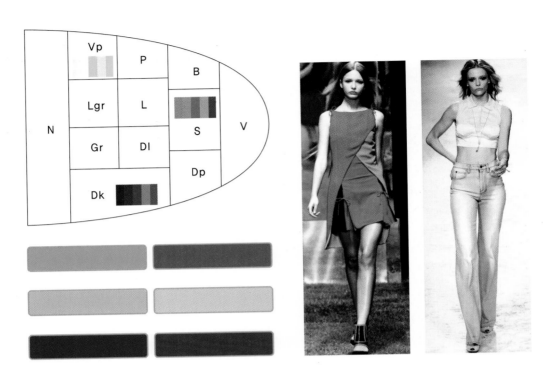

그림 6-10 톤 인 톤 컬러 코디네이션

살린 방법이다. 톤의 선택에 따라 강하고 약한, 가볍고 무거운 등의 다양한 이미지를 연출할 수 있지만, 톤이 동일하기 때문에 조화로움을 느낄 수 있다. 예를 들어 비비드 톤의 톤 인 톤 배색은 높은 채도의 컬러에서 느껴지는 선명하고 활동적인 에너지로 인해 액티브 이미지를 표현할 때 효과적이다.

콘트라스트 컬러 코디네이션

콘트라스트 컬러 코디네이션contrast color coordination은 대조되는 성질을 가진 색의 조합으로, 3속성을 기준으로 한 배색과 톤을 기준으로 한 배색이 있다.

색상 차에 의한 콘트라스트 컬러 코디네이션은 보색 혹은 반대색으로 대립 관계를 살려 부조화스럽고 저항적이지만 젊음과 활력을 표현하는 두드러진 배색 효과를 나타낸다. 명도 차에 의한 콘트라스트 컬러 코디네이션은 명쾌하고 발랄하며

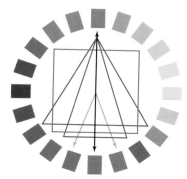

① 보색의 조합
② 반대색의 조합
③ 문보색의 조합(반대색의 조합)
④ 3등분 배색(triad)
⑤ 4등분 배색(tertad)

색상 차

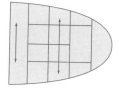

명도 차

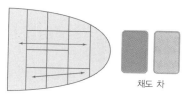

채도 차

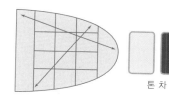

톤 차

색상 차

명도 차

채도 차

톤 차

그림 6-11 콘트라스트 컬러 코디네이션

약동적인 효과를 준다. 채도 차에 의한 콘트라스트 컬러 코디네이션은 화려하면서도 침착한 느낌이 들어 인위적인 배색 효과를 만든다. 또한 톤에 의한 콘트라스트 컬러 코디네이션은 톤 차를 살린 배색으로 명도와 채도가 모두 대립된 배색이기 때문에 긴장감이 있으며 복잡한 이미지를 나타낸다.

악센트 컬러 코디네이션

악센트 컬러 코디네이션accent color coordination은 배색의 일부에 악센트가 되는 색(악센트 컬러, 강조색)을 조합해 악센트 컬러를 중심으로 배색을 통일시키는 방법이다. 주로 악센트 컬러로 쓰이는 색은 주된 색과 대조되는 색을 사용하지만 작은 면적에 대조되는 색을 사용하여 그 부분을 강조함으로써 전체의 이미지를 긴장시키며 두드러진 효과를 나타낸다.

전체적인 스타일링에서 악센트 컬러가 있는 부분에 시선이 집중되는 경향이 있으므로 키가 작은 체형의 경우 스카프나 넥타이 등에 악센트 컬러를 사용하여 시선을 위로 올려주는 센스가 필요하다.

그림 6-12 악센트 컬러 코디네이션

패션과 이미지 메이킹

코디 숍 OPEN!

5WIH에 적합한 패션코디네이션을 표현해 봅시다.

계 획	적 용
Who	
Where	
When	
What	
Why	
How to Coordinate	

사 진 (패션잡지에서 찾기)	사 진 (나의 옷장에서 찾기)

패션 이미지 찾기

이미지는 마음속에 떠오르는 사물에 대한 감각적 영상 또는 어떤 사물이나 사람에게서 받아 남아 있는 인상, 기억 등을 말한다. 패션에서는 이러한 특정한 영상에 대해 '패션 타입'이나 '패션 마인드, 패션 취향'이라는 용어로써 패션 이미지를 설명하기도 한다.

일반적으로 많이 사용되는 패션 이미지는 클래식classic, 아방가르드avant-garde, 페미닌feminine / 로맨틱romantic, 매니시mannish, 엘레건트elegant, 액티브active, 소피스티케이티드 모던sophisticated modern, 에스닉ethnic / 포클로어folklore의 이미지로 나누어 볼 수 있다. 클래식, 아방가르드 이미지의 축은 과거와 미래를 연결해 주는 시간성의 의미를 가지고 있으며, 페미닌/로맨틱, 매니시 이미지 축은 소프트soft−하드hard의 개념으로 패션에서의 여성성과 남성성을 대표한다. 엘레건트, 액티브 이미지 축은 패션에서의 정적인 측면과 동적인 측면을 대표하는 활동성과 관련된 이미지이다. 마지막으로 소피스티케이티드 모던, 에스닉/포클로어는 도시와 농촌과 같은 지역성과 문화성을 대표하는 이미지 축이다.

패션에서의 시간성, 성성, 활동성, 지역성을 대표하는 8가지 패션 이미지는 그 해 유행에 따라 표현 형태나 결합 방식의 차이를 보인다. 패션에서의 크로스오버

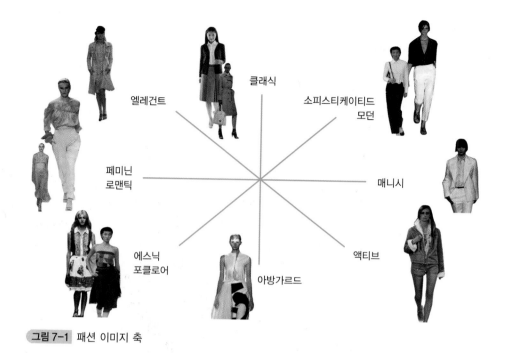

엘레건트

클래식

소피스티케이티드
모던

페미닌
로맨틱

매니시

에스닉
포클로어

액티브

아방가르드

그림 7-1 패션 이미지 축

경향은 서로 상반되는 이미지 간의 결합을 가져와 보헤미안 시크bohemian chic, 네오 클래식neoclassic, 앤드로지너스androgynous 등의 복합적인 양상을 보이는 스타일이 나타나기도 한다.

클래식 이미지

클래식 이미지란 유행에 상관없이 시대를 초월하는 가치와 보편성을 지닌 고전적이고 전통적인 패션 이미지를 말한다. 디자인은 몸에 적당히 맞는 스타일로 베이직한 테일러드 수트나 샤넬 수트, 카디건, 진 팬츠, 블레이저 등의 아이템이 여기에 속한다.

소재는 따스한 느낌의 트위드tweed, 울wool 등이 많으며 타탄체크, 격자무늬, 유기적인 구상무늬 등이 주를 이룬다. 색상은 갈색톤을 중심으로 한 와인, 다크그린, 겨자색 등의 깊이가 있는 색이 선호되며, 어두운 감색, 흑색 등도 사용된다. 색상 간

Classic image

- ✳ 시대를 초월하는 가치와 보편성
- ✳ 고전적이고 전통적인 패션 이미지

▮ 소재-트위드, 울, 벨벳 등
▮ 패턴-체크패턴 중심, 유기적 구상무늬
▮ 색상-갈색 계열 중심의 와인, 다크그린, 겨자색, 흑색 등 동색 계열의 자연스러운 조화
▮ 아이템-샤넬 수트, 카디건, 청바지, 테일러드 재킷, 트렌치 코트 등

의 대비감이 강하지 않은 패턴을 선택하여 서로 부딪치지 않는 동색 계열로 자연스럽게 조화를 이루게 한다. 전통적이고 고전적인 클래식 이미지의 의복 아이템들은 트렌디를 가미한 젊은 감각으로 변화를 보여주고 있다.

아방가르드 이미지

아방가르드 패션은 실험적 요소가 강한 디자인이나 독창적이고 기묘한 디자인으로 이루어져 있기 때문에 전위적인 스타일이 주를 이룬다. 특히 형태나 색상, 디자인에서 상식을 초월할 정도의 실험적인 패션으로 소수의 사람들이 즐겨 입는 옷이다. 그러나 사람들의 욕구가 다양화되고 일반 브랜드에서 조금씩 선보임에 따라 아방가르드한 이미지를 믹스 매치로 연출하는 경우가 늘어나고 있다. 자기만의 개성을 표현하고 싶을 때는 아방가르드 이미지를 적절하게 활용하면 현대적인 감각을 나타낼 수 있다.

디자인은 기능에 관계되는 것보다 파괴의 목적으로 하는 장식 등이 여기에 속한다. 예를 들면 원피스에 주로 활용되는 테크닉을 재킷에 도입시켜 일반적인 재킷의 구조를 변경시키거나 의복의 구성적 형태를 파괴 또는 제거, 극한으로 확대하거나 일반적으로 의복의 소재로 사용되지 않는 재료를 사용하는 것 등이 여기에 속한다.

일부러 찢어진 옷감을 깁는 기법인 패치워크patchwork나 코디네이트의 법칙과 웨어링wearing을 무시하여 파괴의 이미지를 효과적으로 이용하기도 한다. 사각형, 원, 삼각형 등 기하학적인 컷 아웃cut out으로 파괴에 초점을 맞춘 디자인도 효과적이다.

페미닌 / 로맨틱 이미지

페미닌 이미지는 '여성스러운, 상냥한, 부드러운' 등의 의미로 단정하면서 정숙한 여성다운 분위기를 가진 이미지이다. 여성스러운, 순수하고 깨끗한, 다소곳한 분위기를 살리기 위해 전체적인 스타일은 인체의 곡선미를 살리는 형태적 특성을 가진다. 둥근 어깨선과 잘록한 허리, 풍만한 가슴 등 신체의 곡선미를 살리고 여기

Avant-garde image

- ✿ 실험적 요소가 강한 전위적인 디자인
- ✿ 상식을 초월한 시도로 대중성 부족
- ✿ 극소수 사람들에 의해 선호됨

‖ 코디네이션과 웨어링 무시
‖ 패치워크, 컷 아웃, 삭제, 노출, 확대 등의 기법

Feminine image

- 여성스러운, 상냥한, 부드러운 이미지
- 프릴, 레이스, 자수, 리본, 구슬 장식이 디자인 포인트

- 소재-저지, 앙고라, 시폰, 순면, 벨벳
- 패턴-작은 꽃무늬, 유기적 구상 무늬
- 색상-파스텔 톤, 밝고 따뜻한 색
- 액세서리-링 귀고리, 작은 컬러스톤, 작은 핸드백, 원 포인트 슈즈

에 레이스나 자수로 장식하거나 프릴frill, 플라운스flounce, 스캘럽scallop, 리본ribbon 등의 디테일로 여성미를 더욱 부각시킨다.

무늬는 꽃 무늬를 중심으로 한 유기적인 구상무늬가 주를 이루며 소재는 부드럽고 유연한 저지, 실크, 부드러운 순면이나 시폰chiffon, 벨벳velvet, 앙고라angora 등이 주로 사용된다. 색상은 원색이나 무채색보다는 부드러운 느낌의 파스텔 톤과 밝고 따뜻한 느낌의 색상이 많이 사용된다. 원피스에 포근한 느낌의 스웨터나, 재킷에 스커트를 매치하는 연출이 좋으면 재킷에 바지를 매치시킬 경우 통이 넓고 유연한 소재를 사용하고 그 위에 여성스러운 느낌의 벨트나 스카프로 마무리하면 부드럽고 인상을 줄 수 있다.

여기에 액세서리는 링 귀걸이나 반짝이는 보석류, 작은 크기의 핸드백이나 리본 장식과 같은 원 포인트 슈즈가 적당하다.

이에 비해, 로맨틱 이미지는 사랑스럽고 귀여운 느낌, 소녀 취향의 낭만적인, 더 나아가 환상적이고 몽환적인 느낌이 좀 더 부각되는 이미지이다. 주로 가볍고 부드러운 느낌을 주는 소재에 작은 꽃무늬, 물방울무늬가 많이 사용되고 페일 톤의 핑크, 노랑, 보라 계열의 색상으로 환상적이고 꿈꾸는 듯한 달콤하고 사랑스러운 느낌을 강조한다.

패션과 이미지 메이킹

파티장 따도남녀의 패션 시크릿

요즘 직장에서도 송년모임을 파티 형식으로 갖는 경우가 많다. 당장 '드레스코드'에 맞게 옷을 입어야 한다는데 무엇을 어떻게 입어야 할지 머리를 긁적이게 된다. 외국처럼 바닥에 끌리는 드레스와 검은 턱시도를 입을 수도 없는 노릇.

해결책은 간단하다. 답은 당신의 옷장 속에 숨어 있다. 내게 어울리지 않는 하루살이 의상 대신 평소 자신이 즐겨 입는 스타일에 양념 같은 아이템 하나만 더하자. 너무 과하지도 모자라지도 않는 따뜻한 도시남녀 스타일로 변신할 수 있을 테니까.

1. 로맨틱 이미지 스타일

[男] 수트는 딱딱하고 캐주얼은 격이 없어 보일 때가 많다. 이럴때엔 '블레이저'가 안성맞춤이다. 블레이저는 일명 '콤비'라고 불리는 상의. 언제, 어디, 어떤 상황에서도 자연스럽게 연출할 수 있다는 것이 블레이저만의 장점이다. 예컨대 적절한 드레스셔츠와 타이, 바지 등과 섞어 정장처럼 입을 수 있고 스웨터나 데님 팬츠를 매치하면 캐주얼한 연출도 가능하다. 기본적으로 블레이저에는 같은 색상의 바지는 피해야 하며 블레이저보다 옅거나 짙은 컬러의 바지를 코디하는 것이 원칙이다. 네이비 블레이저를 기준으로 블루 셔츠, 그레이 타이를 매치하거나 화이트 셔츠와 그레이 팬츠를 매치하는 것이 정석이다. 하늘색 버튼다운 셔츠에 사선무늬(레지멘털) 타이를 매는 것도 대표적이다.

[女] 추운 겨울 민소매 원피스를 입기 부담스러웠다면 퍼 하나만 걸쳐 로맨틱 스타일로 변신해 보자. 퍼 재킷에 스키니진이나 미니드레스와 매치하면 멋스러움과 동시에 보온성까지 갖출 수 있다. 술이 달린 프린지 백이나 레오퍼드 패턴이 들어간 백을 들면 어떨까.

2. 모던 이미지 스타일

[男] 스카프를 여자들의 전유물이라고 생각하면 오산이다. 몸의 곡선을 타고 흐르는 수트와 화려한 패턴의 스카프는 남자들이 표현할 수 있는 스타일의 정점이다. 드레스셔츠 속으로 넣어 맨 스카프는 마치 고전 영화에서 막 튀어나온 듯 클래식한 스타일을 완성시켜 준다. 수트 재킷 위로 아무렇게나 걸친 스카프는 금방이라도 떠날 것 같은 보헤미안 느낌의 자유분방함을 연출하는 데 제격이다. 아무리 화려한 패턴이 들어간 스카프라도 수트와 묘한 조화를 이루며 섬세한 스타일로 스며든다. 누구나 한 벌쯤은 있음 직한 블랙 수트에 옐로와 네이비 사선 패턴이 들어간 스카프를 수트 재킷의 V라인에 맞춰 둘러보자.

[女] 가까운 친구들과의 모임, 누구나 입고 올 미니드레스가 식상하다면 점프수트(상하의가 붙은 바지)는 어떨까. 사실 길이가 짧은 치마는 많은 사람이 모인 장소에서 행동에 제약을 줄 수도 있다. 점프수트 위에 테일러드 재킷을 걸친다면 상대방에게 잘 차려입은 느낌을 줄 수도 있고 길이가 긴 카디건을 걸치면 편안한 스타일로 연출할 수 있다. 아래위가 붙은 점프수트는 허리 부분이 밋밋해 보여 볼록 나온 배가 드러날 수 있다. 이럴 때는 반짝반짝 빛나는 골드나 실버 색상의 벨트로 포인트를 주는 것도 좋다. 케이프 형태의 소매가 달린 와이드 점프수트는 어떨까. '파티=미니드레스'란 공식을 깨고.

3. 클래식 이미지 스타일

[男] 입던 옷에 한 가지 아이템만 더해도 파티 의상으로 손색이 없다. 평소 입던 수트와 체크 셔츠에 보타이와 행커치프로 포인트를 주는 것은 어떨까.

[女] 파티의 핵심은 '조명발'이다. 어두운 조명과 북적거리는 사람들 틈에서 돋보이려면 조명 아래 가장 노출이 많이 되는 상체에 신경 써야 한다. 스팽글이나 시퀸, 큐빅처럼 반짝이 소재가 들어간 의상은 조명발을 살리는 데 더할 나위 없이 좋은 아이템이다. 의상 전체가 반짝일 경우 화려한 조명 아래 자칫 '인어공주'로 오해받기 십상이니 적절히 입는 중용의 미를 발휘해야 한다. 시퀸이나 스팽글 상의에 스키니 청바지와 킬힐을 같이 스타일링하면 캐주얼한 분위기를 연출하는 데 OK. 골드 시퀸 원

피스에 블랙 재킷을 걸치면 절제되면서도 화려한 멋을 표현할 수 있다. 대신 시퀸이나 스팽글 자체가 화려하기 때문에 액세서리는 자제해야 한다. 모델은 하얀색 시폰 블라우스에 검정색 와이드 팬츠를 입고 골드 스팽글 볼레로로 포인트를 줬다. 평소에 자주 입는 블랙앤드화이트 의상에 반짝이 의상 하나만 걸쳐도 화려한 파티룩으로 연출할 수 있다.

자료 : 동아일보(2011년 12월 9일자).

매니시 이미지

매니시 이미지란 자립심이 강한 여성이 지니는 감성을 표현한 이미지로 남성적인 느낌의 재킷이나 팬츠, 셔츠, 넥타이, 단화 등을 매치시켜 입는 것을 말한다. 처음에는 남녀 평등을 주장하는 시대상을 반영한 패션 테마였으나, 요즘에는 클래식하고 중후한 멋을 즐기고자 하는 여성들 사이에서 페미닌한 감각으로 표현되고 있다.

남성의 전유물인 넥타이나 남성 스타일의 구두, 테일러드 재킷, 단색의 팬츠, 소년풍의 모자, 웨스턴 부츠도 매니시 룩에 어울리는 아이템이다.

1980년대에는 두꺼운 패드로 남성적인 느낌을 강하게 주는 스타일이 유행한 반면, 1990년대부터는 작은 패드로 여성스러움을 강조한 매니시 스타일이 인기를 끌었으며 여기에는 멋쟁이 남성을 일컫는 댄디dandy와 군복에서 영감을 받아 나타난 머린marine, 밀리터리millitary 등의 스타일이 포함된다.

단순한 디자인에 소재감을 최대한 살릴 수 있게 한다. 의복 스타일로는 약간 오버 사이즈의 재킷이나 팬츠, 회색 코듀로이 재킷, 가죽 소재의 베스트 등을 이용할 수 있다.

소재도 가죽, 울, 두꺼운 목면, 개버딘, 트위드 등과 같이 내구성이 있는 튼튼한 재질이 많이 선택된다. 패턴은 조밀하게 짜여진 기하학적 무늬가 어울리며 전체적으로 단순하고 남성적인 패턴이 중심이 된다. 색상은 어두운 톤이 중심이 되는데, 회색, 녹색, 짙은 갈색, 올리브 그린 등 탁색계가 주조를 이룬다. 이 외에도 갈색계, 그린계, 감색계, 검정색 등의 배색으로 차분한 분위기를 연출할 수 있다.

액세서리는 장식성을 배제하고 간결하게 매듭짓는 것이 좋다. 예를 들면 고급스런 스카프, 머플러 등을 자연스럽게 곁들인다면 댄디의 이미지를 한층 돋보이게 한다. 벨트, 장갑, 백, 구두 등은 표면 질감이 고르고 재봉이 뛰어난 것으로 선택하여 격조를 높일 수 있도록 한다.

엘레건트 이미지

엘레건트 이미지는 우아하고 단정하면서도 품위 있는 이미지이다. 여성복의 경

Mannish image

✺ 자립심이 강한 여성이 지니는 감성
✺ 남성적인 느낌의 재킷, 팬츠, 셔츠, 넥타이, 단화 등을 감각적으로 매치

⫶ 소재-울, 두꺼운 목면, 트위드 등
⫶ 색상-회색, 녹색, 갈색, 올리브 그린 등의 어두운 톤
⫶ 액세서리-넥타이, 웨스턴 부츠, 소년풍 모자 등
⫶ 세부 이미지-댄디, 머린, 밀러터리

Elegant image

- ✿ 우아하고 단정하며 품위 있는 이미지
- ✿ 둥근 어깨선, 부풀린 가슴선, 잘록한 허리 등을 강조
- ✿ 인체의 곡선미는 물론 레이스, 프릴, 리본 등으로 여성스러움 표현

‖ 소재-실크, 레이온 등의 탄력적이고 부드러운 소재

‖ 색상-빨강, 자주, 보라 등의 부드러운 그레이시 톤, 페일이나 라이트 톤으로 우아한 느낌 표현

우 보통 수트 차림의 클래식한 감각이 엘레건트 이미지의 전형으로 여겨지나 여성의 인체 곡선미를 살린 우아한 드레스도 여기에 속한다. 레이스, 프릴, 리본 등의 트리밍trimming으로 여성스러움을 나타내는 경우가 많으며 실크, 레이온 등의 탄력적이면서 부드럽고 광택이 도는 소재로 유연한 주름을 만들거나 섬세한 레이스, 벨벳 등이 많이 활용된다. 색상은 빨강, 자주, 보라의 색상이 주를 이루며 부드럽고 그레이시한 톤으로 대비를 억제하고 선명하지 않은 색으로 페일 톤, 라이트 톤을 사용하면 더욱 우아한 느낌을 줄 수 있다. 액세서리는 보통 금색 메탈이나 산호, 진주 등을 사용하여 고급스러운 분위기를 연출한다. 남성의 경우 라펠에 벨벳이나 공단을 덧 댄 턱시도에 나비 타이, 실크 포켓치프로 우아하고 중후한 엘레건트 이미지를 만들 수 있다.

액티브 이미지

경쾌하고 활동적인 느낌에 기능성을 가미한 액티브 이미지는 단순한 디자인에서부터 밝고 선명한 색상을 이용한 디자인에 이르기까지 매우 다양한 스타일을 연출할 수 있다.

기능성을 중시하는 스포츠 웨어와 현대 미술 사조의 팝 아트 등이 포함된다. 밝고 생동감 있는 모습과 젊은 감각을 표현하기에 적합하다.

트렌드의 영향으로 액티브 이미지의 스포츠 웨어가 평상복으로 널리 입혀져 캐주얼 웨어로 선보이고 있다. 젊은이들 사이에서는 대담한 로고 티셔츠나 스니커즈, 지퍼가 달린 점퍼, 누빔quilting, 패션 진, 다운파카, 배낭 등이 인기 품목이다. 특히 실크 스크린 기법을 통해 만화적이고 세련된 감각을 살린 티셔츠나 팬츠는 젊은 층의 액티브한 이미지를 그대로 나타낼 수 있다.

소재로는 면, 울 등이 많이 사용되며, 촉감이 부드러워 신체에 잘 맞는 장점이 있으므로 편안하게 입을 수 있다.

패턴은 보더 라인border line, 스트라이프, 체크 등의 기하학적 무늬나 추상적 무늬 등이 주조를 이루며, 발랄한 무늬, 화려한 무늬 등도 선호된다. 배색에 있어서도 화려하고 활력적이며, 밝고 선명한 청색조 외에 적, 황, 황록, 보라 등의 색조가 중심

Active image

- 경쾌하고 활동적인 느낌에 기능성 가미
- 스포츠웨어의 캐주얼화 확산
- 스포츠웨어, 팝 아트

||| 소재-면, 울, 신축성 소재
||| 색상-밝고 선명한 청색조, 컬러풀한 배색
||| 패턴-기하학적 무늬, 추상적 무늬

이 된다. 특히 컬러풀한 색상을 중심으로 색을 대비시키면 캐주얼한 이미지를 효과적으로 표현할 수 있다. 여기에 양말, 가방 등의 소품을 적절한 컬러로 곁들이면 의상 전체의 느낌을 매우 감각적으로 연출할 수 있다.

소피스티케이티드 모던 이미지

모던은 '근대적', '현대적' 이라는 의미로 '세련된, 정교한' 의 의미를 가지는 소피스티케이티드와 만나 도회적 감성, 하이테크한 분위기를 중심으로 진취적이고 세련되며 시크한 이미지를 추구해가는 것을 말한다. 오늘날과 같이 급속하게 변하는 사회에서 모던의 의미는 시대적으로 약간은 다를 수 있으나 어른스러운 감각과 도시적인, 세련된 아름다움과 멋을 지닌 전문직 종사자들이 추구하는 이미지이다. 소피스티케이티드 모던 스타일의 패션에서는 다소 차갑지만 낭비요소가 배제된 간결미를 추구하며, 현대적이고 도시적인 감각이 돋보이는 것이 특징이다. 또한, 지금까지 상식적으로 여겨지던 스타일과는 달리 새롭고 기묘한 디자인을 지적인 멋으로 승화시켜 표현하기도 한다.

디자인은 개성적이며 미래 지향적인 감각에 직선적인 패턴들이 선호된다. 패션 연출 시에는 전체적으로 간결하게 코디네이트하여 부드러움이나 장식성을 배제하는 것이 좋다. 색상은 흰색, 검정, 회색계나 차가운 색을 기조로, 색대비와 명암 대비가 강한 배색이 선호된다. 검정에서 출발하여 회색의 배색에 검정을 추가한 것이나 화려한 색에 회색이나 라이트 그레이시 톤을 배색하여 삭막해 보이도록 한다. 패턴은 수평, 수직 또는 사선에 의한 분할선, 삼각, 사각, 원 등을 클로즈업시킨 기하학적 구조가 모던한 디자인에 사용된다. 모던한 복장의 핵심은 바로 무채색을 주조로 차가운 분위기를 연출하고 도회적인 감각을 살리는 것이다.

액세서리는 실버계의 차가운 분위기로 정리한다. 유리, 플라스틱 등의 소재로 된 대담하고 과감한 디자인을 선택하고 스카프는 패턴의 대비가 강한 큰 무늬가 적당하다.

Sophisticated modern image

- ✳ 근대적, 현대적, 세련된, 정교한 의미
- ✳ 지적미가 가미된 단순한 디자인
- ✳ 미래지향적 감각

- ‖‖ 패턴–직선적 · 기하학적 패턴
- ‖‖ 색상–무채색 위주, 색대비
- ‖‖ 액세서리–실버계, 유리나 플라스틱 소재

에스닉 / 포클로어 이미지

에스닉은 아시아, 아프리카, 중근동 등의 기독교 문화권 이외의 민속복에서 얻은 이미지이다. 특히 종교적 의미가 가미된 토속적이며 소박한 느낌을 주는 패션으로의 에스닉은 유럽을 제외한 세계 여러 나라의 민속 의상과 민족 고유의 염색, 직물, 패턴, 자수, 액세서리 등에서 영감을 얻어 디자인한 패션 스타일이 포함된다.

여기에서도 한국, 중국, 일본 등의 아시아 문화권에 국한된 이미지를 오리엔탈리즘orientalism으로, 하와이와 같은 열대지역에서 영감을 받은 것을 트로피컬tropical 이미지로 세분화하기도 한다.

재봉 과정이 비교적 단순하거나 전혀 재봉이 없는 랩wrap스타일, 중동의 종교 의상이나 잉카의 기하학적 무늬, 인도네시아의 바틱, 인도의 사리 등을 통해 표현할 수 있다. 컬러 또한 매우 다양하여 비비드vivid 컬러나 콘트라스트contrast 배색이 많고, 천연 염료를 사용하기 때문에 때로는 거칠고 무거운 느낌을 준다. 민속 의상의 소재는 대체로 소박하며, 각 나라의 민족성을 살린 특이한 문양이나 자수 등도 많다. 액세서리도 그 민족 고유의 문화가 녹아 있는 다양한 무늬가 활용되고 있다.

이에 비해 포클로어는 기독교 문화권 내의 민속복에서 영감을 받은 이미지이다.

Ethnic image

- ❋ 기독교 문화권 이외의 민속복에서 얻은 이미지
- ❋ 아시아, 아프리카, 중근동 등의 민속 의상
- ❋ 오리엔탈리즘, 트로피컬
- ❋ cf. 포클로어-유럽 지역을 대표로 하는 기독교 문화권의 민속 의상에서 얻은 이미지

- ‖ 고유의 염색, 직물, 패턴, 자수, 액세서리
- ‖ 천연 염료에 의한 거칠고 무거운 느낌이 특징

자신이 닮고 싶은 이미지를 위한 패션 연출!

자신이 닮고 싶은, 혹은 추구하는 이미지를 가진 롤 모델이 있나요?
이젠 실행에 옮길 때! 자신이 추구하는 이미지를 위한 패션을 구체적으로 연출해 봅
시다.

구 분	롤 모델	연 출
사 진		
패션 이미지 분석 및 설명		

1. 매력적인 표정

미 소

　얼굴은 그 사람을 대변하는 부분으로서 사람의 신체 가운데 표현력이 가장 잘 드러난다. 우리 얼굴에는 무려 80여 개의 근육이 있어서 7,000가지 이상의 표정을 만들 수 있다고 한다. 사람은 얼굴 표정으로 속마음을 나타내기도 하고 상대방의 기분을 판단하기도 한다. 바람직한 얼굴 표정이란 평소에 마음가짐을 바르게 하고 교양을 쌓아 품위 있는 인격을 함양시켜야만 나타낼 수 있다.

　첫인상을 결정짓는 요소로는 외모가 80%(체형, 표정, 옷차림새, 태도, 제스처 등), 목소리가 13%, 인격이 7%를 차지한다. 그만큼 외모는 첫인상을 결정짓는 데 중요한 역할을 한다는 것을 알 수 있다. 외모 중에서도 얼굴의 표정이 가장 큰 역할을 한다. 흔히 외모의 핵심은 얼굴에 있다고 하는데, 특히 미소는 상대방에게 호감을 주는 중요한 요소가 된다. 호감이 가는 미소는 상대방의 마음을 열게 해서 협조적인 인간관계로 만드는 데 효과적이며, 자신도 적극적이며 활기찬 사람으로 만

그림 8-1 여러 인종의 아름다운 미소

든다. 얼굴 표정을 부드럽게 만들면 좀더 매력적인 얼굴을 연출하게 되어 좋은 인간관계를 구축하는 밑거름이 될 것이다.

인 사

인사란 상대에게 마음을 열어주는 구체적인 행동의 표현이며 환영, 감사, 반가움, 기원, 배려, 염려의 의미가 내포되어 있다. 인사하는 그 사람의 모습은 자신의 인격 표현이며 인간관계가 시작되는 단계이다. 따라서 인사란 상대방을 위한 것보다는 나 자신을 위한 것으로서 진정한 마음이 실려 있어야 한다.

인사를 습관화하면 평소에 소극적이고 자신감이 없는 사람도 성격이 밝아지고, 명랑해지며 적극적이고 긍정적인 사고를 가지게 된다.

인사를 하는 방법은 상황에 따라서 하는 목례, 보통례, 정중례 등이 있다.

목례는 가장 가벼운 인사(고개를 15도 정도로 인사)로서 자주 만나거나 복도, 실내 등 협소한 장소에서 마주칠 때나 기다리게 했을 때 등의 인사 자세이다. 보통례는 일반적인 인사(고개를 30도 정도로 인사)이며, 정중례(고개를 45도 정도로 인사)는 고객 영접, 감사, 사과할 때 하는 것인데 보통례보다 정중함을 나타내는 인사에 속한다.

소셜 컨설턴트가 말하는 'Social Etiquette'

소셜 컨설턴트들의 공통점은 소셜의 친구 및 팔로어가 많다는 점이다.

누구보다 소셜 미디어를 빨리 접하고 다양한 계층과 또 깊이 있게 소통하고 있는 소셜 전문가들은 '소셜에티켓'에 대한 심각성을 잘 느끼고 있다. 소셜에티켓이란 무엇인지, 어떤 꼴불견들이 일어나고 있는지, 또 소셜에티켓은 어떻게 해야 하는 것인지 등 소셜 멘토들이 소셜 미디어 현장에서 직접 경험하고 느꼈던 생생한 소셜에티켓 이야기를 들어본다.

Q. 소셜에티켓이란 _____ 이다.

임○○ 대표
소셜에티켓이란 커뮤니티 참여자 모두가 서로 '공감'하고 '소통'하는 가운데 함께 공유하는 따뜻한 인간애^^

이○○ 대표
소셜에티켓이란 '누가 주인공인지를 제대로 아는것'

김○○ 대표
'소셜에티켓이란 = 사회생활 에티켓'과 같다.

윤○○ 대표
소셜에티켓이란 다른 사람의 의견을 경청하고 생각의 다름을 인정하는 것이다.

김○○ 부장
소셜에티켓이란? '나'가 아닌 '너'이다.

한○○ 과장
소셜에티켓이란 소셜 네트워크상에서 남을 배려하는 것이다.

김○○ 부장
소셜에티켓이란 '가시성을 잊지 않는 것'이다. 한 번 내가 올린 글은 설사 그 글을 삭제하더라도 웹 상에 돌고 도는 가시성을 가지고 두고 두고 부메랑이 되어 나에게 돌아온다는 것을 잊지 말자!

정○○
소셜에티켓이란 사람과 사람사이의 온전한 커뮤니케이션을 할 수 있도록 하는 최소한의 예절이다.

자료: the-pr.co.kr(2011년 8월 24일자).

2. 매력적인 목소리

매력적인 목소리는 상대방에게 호감을 주는 요인 중 하나로서 휴대폰이 대중화되어 전화 사용이 빈번한 현대에는 중요하다고 할 수 있다. 최근에는 전화 통화만으로도 업무가 이루어지는 경우가 많으므로, 전화를 통한 목소리만으로 첫인상이 결정된다. 이러한 이유로 상대방이 호감을 갖는 목소리를 갖고 있다면 그것만으로도 큰 장점을 소유한 것일 것이다. 하지만 그렇치 못하다 하더라도 자신의 노력에 따라서 호감을 주는 자신감 있는 목소리의 소유자가 될 수 있다.

첫째, 가슴은 올리고 배는 집어넣는 바른 자세를 취해서 효과적인 목소리를 낼 수 있도록 발성 연습을 한다. 둘째, 목소리의 볼륨과 톤에 따라 전달되는 내용이 달라지므로 다양하게 사용할 수 있도록 연습을 해서 내용과 상황에 따라 적절하게 활용한다. 셋째, 목소리에 생동감을 불어넣어 활기차고 자신감 있게 발성하는 연습을 해준다.

즉, 훈련을 통해 획득한 호감 있는 목소리와 말씨는 자신감은 물론이고 상대방에게 신뢰감을 줄 수 있기에 사회생활에서 긍정적인 평가를 얻을 수 있을 것이다.

3. 세련된 매너

매너manner를 사전에서 찾아보면 방법, 방식, 태도라고 명시되어 있고 복수로는 '예의범절'이라고 되어 있다. 매너는 사람마다 갖고 있는 독특한 습관, 몸가짐으로 해석할 수 있다. 매너는 제3자의 희망사항으로서 기본 개념은 상대방을 존중해 주는 데 있으며, 이는 상대방에게 불편이나 폐를 끼치지 않고 편하게 해주는 것을 뜻한다.

아름다운 매너는 올바른 인간관계를 맺기 위하여 익혀야 할 것으로서 자기 자신에게 무엇보다도 소중한 자산이 된다. 빛나는 보석도 처음에는 돌멩이에 지나지 않으나 빛을 내기 위하여 다듬고 자르고 하는 과정을 거친다면 비로소 빛나는 보석으로 거듭날 수 있다. 사람도 마찬가지로 아름다운 매너를 몸에 익히기 위해서는 부단한 연습으로 습관화하는 수밖에 없다.

내면에 아무리 아름다운 마음을 가지고 있다 해도 외형의 태도나 형식으로 드러나지 않으면 타인에게 인식될 수 없다.

명함 매너

명함은 자신을 상징하는 의미가 강하므로 서로 주고 받을 때의 매너가 중요하게 작용한다.

명함은 원칙적으로 명함집에 넣어서 사용해야 하며 명함집에 명함을 거꾸로 넣어두어 상대에게 바로 전해질 수 있도록 준비한다. 명함은 깨끗한 상태로 여유 있게 준비하며 남성은 셔츠 윗주머니 또는 양복 명함주머니에, 여성은 핸드백에 넣어둔다.

명함을 주고받을 때는 먼저 자기소개를 짤막하게 한 다음 건네주는 것이 좋으며, 손아랫사람이 윗사람에게 먼저 건네주는 것이 바람직하다.

악수 매너

악수는 존경과 친근감의 표현으로서 상황에 따라 적절한 방법으로 행해져야 한다.

악수는 서로 마주서서 손을 잡고 상하로 흔들어 움직이는 동작이며 원칙적으로 오른손으로 한다. 여성이 남성에게, 손윗사람이 손아랫사람에게, 선배가 후배에게, 기혼자가 미혼자에게, 상급자가 하급자에게 먼저 청하는 것이 예의이며 국가원수, 왕족, 성직자 등은 이러한 기준에서 예외가 될 수 있다.

테이블 매너

테이블 매너는 그 사람의 교양을 나타내며 함께 식사하는 사람들과 맛있는 음식과 즐거운 식사를 위해 기본적인 매너가 있다. 손님을 초대해서 식사를 하거나 초대 받아 식사를 할 경우 조금만 신경을 써서 매너를 익힌다면 매력적인 사람이 될 수 있다.

좌석 배치는 호스트가 정해주는 것이 원칙이며 남자는 여자의 좌측, 호스트의 부인은 호스트와 마주보고 앉는다. 남자와 여자는 서로 이웃되게 앉으며, 주빈은 호스트의 오른편에 앉고, 부부는 서로 떨어져 앉는다.

식사 전에는 머리나 얼굴을 만지거나 다리를 포개는 것은 좋지 않다. 나이프와 포크는 바깥쪽에서 안쪽으로 사용해야 하며 바닥에 포크나 나이프가 떨어졌을 때 웨이터를 불러 줍도록 한다. 손에 든 포크와 나이프는 보기에 불안하고, 위험하기 때문에 바로 세우지 않는 것이 좋다. 식사 중일 경우 포크와 나이프를 팔자형으로 접시 위에 놓는다. 반면 식사가 끝났을 경우 포크와 나이프를 가지런히 놓는다. 또한 식사할 때 팔꿈치를 식탁 위에 올려놓지 않으며, 냅킨은 손수건이 아니므로 입이나 손가락을 닦을 때만 사용한다. 레스토랑에서는 식기는 고객이 움직이지 않는 것이 좋으며 웨이터가 놓아준 상태로 식사하는 것이 매너이다. 바닥에 포크나 나이프가 떨어졌을 때에도 웨이터를 불러 줍도록 하고 새것으로 교체한다. 입에 넣은 음식이 이상할 때 사람들이 눈치 채지 않도록 조용히 밖으로 나가 처리한다. 식사 중 자리를 뜰 때는 "잠깐 실례하겠습니다."는 인사와 더불어 기다리지 말고 식사를 계속해 달라는 부탁의 말을 남기고 조용히 나가는 것이 매너이다.

그림 8-2 테이블 세팅

에티켓과 매너

영어에서의 에티켓(etiqutte)은 예절·예법, 동업자 간의 불문율이란 뜻으로서 원래 프랑스의 궁중에서 쓰이던 용어이다. 이것은 왕궁을 방문한 사람들에게 왕궁 방문때 지켜야 할 예의범절 등을 간략하게 적어놓은 'Estiquier(표찰, 준수사항)'에서 유래 되었다고 한다. 베르사이유 궁전 정원에 사람들이 들어가 정원을 짓밟아 버리는 일이 빈번해지자 함부로 들어가지 못하도록 주변에 'Estiquier'란 말뚝을 박아 화원 출입금지를 표시하던 것에서 그 의미가 점차 확대되어 이제는 다른 사람의 마음의 화원을 짓밟지 않는다는 뜻으로 '타인을 배려하는 마음'이란 의미로 쓰이기 시작했다. 그 후 에티켓이란 용어는 서양에서 사람들 사이에 합리적인 행동 기준을 가리키는 용어로 사용되었으며, 이러한 변천 과정을 거쳐 현대에 와서는 전 세계로 확산되어 동·서양을 막론하고 세계화 시대의 모든 사람이 지켜야 할 상식으로 받아들여지게 되었다.

어떤 행동이나 일에 대한 태도, 버릇, 몸가짐의 뜻으로 주관적임에 비해 에티켓은 객관적이다. 또 에티켓은 반드시 지켜야 할 의무사항이지만 매너는 사람마다 다르게 행하는 행동이다. 이러한 에티켓을 행동으로 나타낼 때 매너라고 한다.

악수의 유래

악수는 앵글로색슨계 민족의 남자들이 만났을 때 오른손에 무기가 없다는 것을 보여 주며, 싸우지 않고 우호적인 관계를 맺고 싶다는 의미로 오른손을 내밀어 확인시키던 것에서 유래되었다.

바른 인사법

인사를 할 때에는 자세를 바로 하고 상대방의 눈을 보며 가벼운 미소를 띠는 것이 기본이다. 발 뒤꿈치를 붙인 뒤 상황에 따라 윗몸을 45~75도 정도 숙인다. 고개만 까닥이지 말고 허리부터 굽히는 것이 예의에 맞다. 양손은 둥글게 쥔 상태로 바지 옆 재봉선 부근에 자연스레 놓는다. 절은 3박자에 맞춰 한다. 첫박자에는 사선이 되게 허리를 구부리고, 둘째 박자에서 약 1초간 정지한 상태로 "안녕하십니까" 등의 인사 말을 한 뒤, 셋째 박자에 몸을 일으킨다. 상황에 맞는 다양한 인사말을 곁들이는 것도 필수이다. 허리를 펴는 시간은 3초 정도가 적당하다. 아랫사람의 인사를 받은 윗사람은 반드시 목례를 한다.

숨어 있는 내 모습 2%

1 매력적인 나의 모습을 찾아 봅시다.

무표정한 얼굴

미소 짓는 얼굴

2 매력적인 미소를 만들기 위한 연습을 시작해볼까요!

① 거울 앞에 얼굴을 정면으로 본다.

② 입을 아래위로 벌려준다.

③ 입을 벌린 상태에서 입안으로 아래위 입술을 말아 넣어주면서 입꼬리를 올려준다.

④ ③번의 상태에서 아래, 위 입술의 가운데 부분만을 살짝 붙여준다.

⑤ ④번의 상태를 10초를 유지하고 난 후 천천히 입술을 풀어준다.

②

③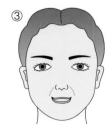

④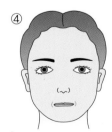

TPO 이미지 관리

1. 면 접

현대 사회는 옷차림도 하나의 전략이다. 취업의 최종 관문인 면접에서도 옷차림은 첫인상을 결정하는 중요한 판단 기준이 된다. 따라서 좋은 인상을 주기 위해 옷차림에 신경을 쓰는 것은 실력과 말솜씨 못지 않게 중요하다. 많은 기업은 면접 옷차림에 대한 규정을 따로 명시해 놓고 있지는 않지만, 대체적으로 면접자들은 어두운 색의 정장을 많이 입는다.

남성의 경우 키가 크고 뚱뚱한 체형은 몸에 꽉 끼는 스타일의 옷을 착용하면 오히려 체형을 강조하는 결과가 되므로 약간의 여유가 있는 수트 스타일이 좋다. 또 베이지나 브라운 계열의 색상보다는 짙고 어두운 검정이나 진한 회색을 선택하는 것이 바람직하다.

키가 작고 뚱뚱하다면 줄무늬를 이용해 키를 커 보이게 하거나 전체적으로 포인트를 위쪽으로 두어 키가 커 보이도록 하는 효과를 줄 수가 있다. 색상은 밝은 색보다 중간 색조의 갈색이나 회색이 적당하며 이때 너무 뚜렷하거나 굵은 줄무늬는 오히려 더 뚱뚱해 보이게 할 수 있으므로 주의가 필요하다.

키 크고 마른 슬림한 체형의 남성은 현대적이고 샤프한 느낌을 주지만 너무 마른 체형은 등이 구부정한 자세가 되기 쉽고 신경질적으로 보이기 쉽기 때문에 전체적으로 부드럽고 여유 있는 분위기로 연출하는 것이 좋다. 색상을 선택할 때는 팽창색인 밝은 갈색, 회색 정도가 무난하며 안에 베스트를 함께 입는 쓰리피스 스타일의 수트나 싱글 버튼의 상의보다는 더블 버튼의 상의가 넉넉한 느낌을 줄 수 있다.

키가 작고 마른 체형은 스트라이프 수트가 키를 커 보이게 하고, 색상은 키 큰 경우와 마찬가지로 밝은 브라운이나 회색이 잘 어울린다. 또한 셔츠와 넥타이를 밝고 화사하게 연출하여 시선을 위로 올려주는 것도 좋다.

여성의 경우 너무 유행을 타지 않는 베이직한 스타일이 좋다. 깨끗하게 정리된 손톱, 단정한 헤어스타일, 깔끔한 신발로 머리부터 발끝까지 꼼꼼하게 마무리하고 스커트 정장일 경우 여분의 스타킹을 준비해 가는 것도 좋다.

기업 유형별 면접 때 참고할 사항을 살펴보면, 우선 대기업은 대체로 튀는 것보다는 조직에 융화할 수 있는 인재를 원하므로 기본에 충실한 의상을 선택하는 것이 좋다. 남성은 감청색이나 회색의 상하 한 벌로 된 양복에 흰색이나 푸른색 계열의 셔츠를 받쳐 입는다. 넥타이는 너무 눈에 띄지 않는 색상과 무늬를 선택하며 잘 닦은 검정색 구두에 검정이나 양복과 같은 색상 계열의 진한색의 양말을 신는 것이 무난하다. 머리는 약간 짧은 듯한 단정한 스타일로 이마를 드러내고 무스나 헤어로션으로 깔끔하게 정리해 주는 것이 좋다.

여성의 경우 역시 깨끗하면서 차분해 보이는 스타일로 연출하는 것이 좋다. 깨끗하게 묶거나 단정한 단발머리에 진하지 않으면서 밝고 깨끗한 이미지를 주도록 화장을 한다. 단색이나 무늬가 많지 않은 투피스 치마 정장이 무난하고, 액세서리는 작으면서 세련된 느낌을 주는 것으로 고르며 목걸이나 귀고리 등 한두 가지 정도면 적당하다.

벤처기업은 일인다역이 가능한 활동적인 인재를 선호하는 경우가 많으므로 약간의 변화를 주는 것도 좋다. 흰색 드레스 셔츠보다는 푸른색이나 베이지색을 받쳐 입는 것이 좀더 활동적인 이미지를 줄 수 있다. 여성은 치마보다는 바지 정장으로 활동적인 스타일을 연출해 보는 것도 좋다.

취업 성공을 위한 수트 스타일링

면접패션, 신뢰감 주는 컬러의 셔츠와 타이 선택이 중요해!

하반기 본격적인 취업 시즌이 시작되었다. 면접 성공이 취업을 위한 최대의 관문이 되면서 취업 준비자들에게 면접 스타일링은 또 하나의 취업을 위한 과제가 되었다.

특히, 면접의 기본 '수트'는 평소 즐겨 입는 옷이 아니기 때문에 스타일링에 어려움을 겪는 경우가 많다.

수트는 착용감을 고려하여 선택, 컬러는 신뢰감을 주는 네이비 컬러가 좋아!

수트는 입었을 때 전체적인 실루엣을 중심으로 선택하도록 한다. 특히, 착용감을 우선시 하여 어깨에서 소매로 이어지는 부분 등의 착용감이 편한지 확인해야 한다.

반면, 가슴선과 허리의 폭은 슬림한 스타일로 선택해 날씬하면서도 길어 보이는 효과를 주도록 한다. 트렌디한 느낌을 살리고 싶다면 투버튼 스타일의 클래식한 디자인의 재킷을 눈여겨 보는 것이 좋다. 수트의 기본컬러에 속하는 네이비나 그레이는 입기에도 부담스럽지 않을 뿐더러 면접관들에게 신뢰감을 주는 색상에 속한다.

이미지 연출을 위한 V존, 포인트 액세서리 사용으로 스타일 강조!

V존은 셔츠와 타이가 만나는 목 부분을 말한다. 수트패션에서는 이 부분을 어떻게 하느냐에 따라 색다른 분위기를 낼 수 있다.

셔츠와 타이를 같은 계열의 색상으로 선택할 경우는 차분한 인상을 남기며, 상반되는 컬러를 선택할 경우는 스타일 포인트가 될 수 있다. 되도록 셔츠는 화이트 컬러나 무늬가 없는 스타일을 선택하는 것이 좋으며 타이는 창의적인 이미지를 위해선 푸른색 계열을, 진취적인 이미지를 주고 싶다면 붉은색 계열을 매치하는 것이 바람직하다. 게다가 타이에 도트무늬나 체크무늬 등이 가미되어 있으면 감각적이면서도 스타일리시 해 보일 수 있다.

자료 : 조선일보(2011년 10월 13일자).

컨설팅 회사나 외국계 은행 등은 일반적으로 엘리트 의식이 강하다. 이런 회사는 지적이고 세련된 이미지가 돋보이는 것이 좋다. 편안한 회색보다는 청색과 같은 짙은 계열의 색상이나 세로의 스트라이프가 있는 정장이 더 적합하다. 넥타이 핀이나 커프스 링크 등의 착용도 세련된 이미지 연출에 도움이 된다.

쉬어가기

면접관 질문에 결론부터 답하라

비즈니스 스킬 업면접볼 때 가장 떨리는 순간은 면접관의 질문에 답변할 때다. 하지만 답변 내용이 좋더라도, 면접에 임하는 기본적인 자세를 지키지 않는다면 감점을 받을 수도 있다. 이번 강의에서는 면접관이 질문하는 의도를 정확히 파악하고 현명하게 답변하는 방법에 대해 알아본다.

우선 질문에 대한 답변을 할 때에는 긍정적으로 답해야 하는 것이 기본이다. 정확한 발음, 적당한 속도로 긍정적인 내용을 명랑하게 말한다면 긴 시간 면접에 지친 면접관들로부터 호감을 살 수 있다.

예상치 못한 질문을 받더라도 당황해서 얼버무리거나 말끝을 흐리지 말고 분명하게 말해야 한다. 또한 면접관의 질문이 사소하더라도 성의를 가지고 답변한다. 사소한 질문도 의도된 질문일 수 있기 때문이다. 질문을 받은 후 너무 성급하게 답변을 하기보다는 마음속으로 2~3초를 센 후에 답변을 해야 한다. 답변은 결론부터 이야기한 후 2~3분 부연 설명을 하는 방식이 좋다.

마지막으로 답변 시 너무 말을 꾸미지 않도록 유의해야 한다. 지나치게 현학적인 단어나 전공 용어, 외국어 등을 남발하지 않도록 주의해야 한다. 강사는 이번 강의에서 그외 금기시되는 대화 내용을 알려주고 실제 면접 프로세스에 따른 답변 요령들도 전하고 있다.

■ 면접 시 올바른 대화자세

- 반드시 존댓말을 쓴다.
- 반드시 긍정형으로 말한다.
- 정확한 발음, 정확한 속도로 경쾌하고 명랑하게 말한다.
- 말 끝을 흐리지 말고, 분명하게 한다.
- 사소한 질문에도 성의를 가지고 대답한다.
- 대화를 질질 끌지 않는다.
- 질문이 끝나면 2~3초 후에 대답한다.
- 질문에 대해 결론부터 이야기한 후에 부연 설명을 한다(2~3분 정도가 적당함).

자료 : 포커스신문사(2012년 1월 19일자).

2. 직 업

　모르는 사람들이 서로 만났을 때 우선 상대방을 판단하는 기준은 외적으로 나타나는 단서들이다. 여기서 패션은 착용자를 지각하는 데 외모와 함께 중요한 단서가 되며, 착용자가 누구인가를 설명해주는 상징적 역할을 하는 무언의 언어silent language가 된다.

　직장 내에서의 패션은 집단원들과 조화는 물론 각자의 직업을 알리며 일의 효율을 증진시킬 수 있는 중요한 수단이 된다. 공무원과 같이 일반인을 자주 상대하는 직업의 경우 신뢰감을 줄 수 있는 인상이 중요하다. 이러한 경우에는 블루나 짙은 회색 계열의 수트를 선택하는 것이 좋다. 전체적으로 안정되고 차분한 분위기를 연출하기 위해서는 셔츠나 넥타이도 수트와 동색 계열로 톤 온 톤 배색을 하면 효과적이다.

공무원　　　　　　　금융 계통　　　　　　　바이어　　　　　　　프리랜서

그림 9-1 직업에 따른 패션연출

금융 계통에 종사하는 사람은 고객들에게 세련된 매너와 지적이고 예리한 이미지를 어필함으로써 자신의 자산 위탁에 대한 신뢰감과 믿음을 줄 수 있도록 해야 한다. 또한 그레이를 중심으로 하는 수트에 컬러 셔츠나 화려하고 세련된 타이를 매치시키는 것이 좋으며, 넥타이의 무늬는 도회적인 느낌의 스트라이프가 적당하다.

외국인을 상대로 하는 바이어는 고급스럽고 센스있는 패션감각을 보여 주어야 한다. 국가 간의 무역업은 상대의 정서나 정보가 상대적으로 부족하여 충분한 신뢰를 줄 수 있는 여건이 되지 못하므로, 이를 보완하기 위해서는 고급 소재의 럭셔리 패션을 통해 어느 정도 안정된 신뢰감을 줄 필요가 있다.

명품을 중심으로 한 격식을 갖춘 고급스럽고 감각적인 패션 연출은 외국인으로 하여금 그들의 업무 능력과 믿음을 상대적으로 상승시키는 효과를 줄 수 있다. 최근에는 마케팅의 한 부분으로 MD나 바이어들이 명품을 지향함으로써 자기 회사 상품 이미지에 대한 시너지 효과를 유도하기도 한다.

프리랜서는 자신이 가지고 있는 직업상의 자유로움을 패션을 통해 충분히 발휘함으로써 일을 의뢰하는 상대가 독창성과 신선함을 기대하도록 어필하는 것이 좋다. 지나치게 격식을 차린 정장 차림보다는 자연스럽게 멋이 묻어나는 세미 정장이나 캐주얼 차림이 효과적이다.

3. 레 저

레저leisure는 바쁜 일상에서 벗어나 심신의 피로를 풀고 새로운 에너지를 충전하기 위해 필요하다. 주 5일제 근무로 인한 생활의 변화는 레저나 스포츠에 대한 관심을 증폭시켜 주말을 위한 새로운 패션 제안이 또 하나의 관심사로 등장하고 있다.

패션 업체들은 앞다투어 캐주얼 브랜드를 런칭하거나 강화하고 있으며 남녀노소를 불문한 전 연령대를 커버할 수 있는 라이프 스타일형 브랜드로 면모를 갖추기 위해 변신을 시도하고 있다. 가족과 함께 편안하게 교외로 나가거나 드라이브, 영화 관람 등 여가를 위한 패션은 우선 활동함에 불편함이 없으면서 면과 같이 세

그림 9-2 레포츠 웨어 ｜

탁이 손쉬운 소재가 좋다. 니트 셔츠나 캐주얼 셔츠, 스웨터, 점퍼 등으로 편안함을
표현하거나 톤 온 톤과 같은 유사 배색으로 세련된 스타일을 연출해 보는 것도 좋
다. 또한 무난한 스타일에 스카프나 모자, 선글라스로 포인트를 주면 실용적, 미적
측면 모두를 만족시킬 수 있다.

한편, 건강에 대한 관심이 증가되면서 부각되고 있는 여러 가지 스포츠 레저 활
동들은 기능성 의복에 대한 관심을 증폭시키면서 패션 시장의 확대를 가져왔다.

등산복의 경우 땀을 배출하면서 체온을 유지시켜 줄 수 있는 기능성 섬유나 바람
을 막아 주는 윈드브레이크 소재의 인기를 가져왔다. 남녀노소를 불문하고 인기
있는 인라인의 경우는 바람의 저항을 최소화하면서 활동에 불편함을 주지 않는 스
판 소재에 개성에 따라 간단한 소지품을 넣을 수 있는 주머니가 달린 후드 티셔츠
나 라운드 셔츠가 활동적인 이미지를 줄 수 있다. 최근 연예인들의 다이어트 열풍
과 맞물려 인기 급상승 중인 요가는 정적인 움직임에 비해 소모되는 에너지가 커
서 특히 여성들에게 인기가 있다. 가볍고 통기성이 좋은 것은 기본이며 여기에 일

그림 9-3 레포츠 웨어 Ⅱ

상복으로 입어도 문제 없는 패셔너블한 스타일이 각 스포츠 브랜드마다 출시되고 있다.

스포츠를 즐긴다고 무조건 운동복을 찾는 것은 시대에 뒤떨어진 발상이다. 일상에서도 입을 수 있는 멀티플 고기능성 레저 패션이 활성화되고 있다. 여가를 즐기면서 신체를 단련할 수 있는 레포츠를 위한 패션은 이제 자유로운 스타일 구현을 통한 개성 표현에 중점을 두고 개성이 강하면서 활동성이 강화된 레포츠 웨어로 새롭게 거듭나고 있다.

자전거 나들이 좋은 때 … 메신저 백은 멋내기 포인트

자전거를 탈 때도 패션 감각이 필요하다. 요즘 자전거 마니아들은 자신이 어떤 자전거를 타는가에 따라 복장도 다르게 갖춰 입는다. 다양한 디자인과 기능을 가진 자전거가 늘면서. 올가을 자전거를 한번 타 볼 생각이라면 최신 '자전거 패션' 정도는 파악해 두어야 '구세대' 소리를 면할 수 있다.

최근의 자전거 패션은 기능을 중시하는 '로드족'과 스타일을 중시하는 '미니벨로 · 픽시족'으로 구분된다.

자전거, 패션 아이콘이 되다

편안한 캐주얼 의상일 경우 바지는 청바지나 면바지 모두 좋으나 가능하면 신축성 있는 소재를 선택한다. 티셔츠는 몸에 붙는 것을 입고 요즘처럼 바람이 선선할 때는 바람막이 점퍼를 준비한다. 코트나 재킷을 입을 때는 엉덩이까지만 내려오는 길이가 적당하다. 트렌치코트처럼 뒷자락이 길게 늘어지면 바퀴에 닿아 위험하기 때문이다. 신발도 평상시에 신던 캐주얼한 운동화면 된다.

하지만 '스타일을 아는 진정한 픽시 매니어'가 되고 싶다면 따라야 할 몇 가지 규칙이 있다. 첫째, '쫄쫄이 바지' 만큼은 피할 것, 둘째, 사선으로 백을 두를 것, 셋째, 신발은 스웨이드 또는 가죽 운동화를 신을 것. 최근 픽시족 사이에서는 헬멧 쓰기와 음악 안 듣기 캠페인을 벌이고 있다.

기능성 옷으로 스피드를 즐기다

로드 자전거로 출퇴근하는 '자출족'이라면 옷을 고를 때 기능성을 최우선으로 한다. 대부분 1시간 내외의 거리를 달려야 해 스피드와 바람의 저항을 고려해야 하기 때문이다. 일반적으로 자출족은 출퇴근 시 평상복을 배낭에 넣고 자전거를 탈 때는 기능성 옷을 입는다.

기능성 옷은 '쫄쫄이 바지'라 불리는 타이즈 바지처럼 몸에 딱 달라붙도록 만든 것이 대부분이다. 자전거를 오래 타려면 관절을 움직일 때 편리하도록 바지의 사타구니 부분과 무릎 부분을 신축성 좋은 스판덱스 소재로 덧댄 옷을 선택하는 것이 좋다. 자전거를 오래 타면 엉덩이에 통증이 오는데, 엉덩이 부분에 두

꺼운 패드가 있는 '패드 바지'도 유용하다. 기능성 옷은 상의 디자인도 조금 다르다. 일단 티셔츠의 길이가 앞보다 뒤가 길다. 바람의 저항을 피하기 위해 몸을 숙였을 때 등과 바지 허리 부분이 드러나지 않도록 하기 위해서다. 바람에 펄럭이지 않게 점퍼의 허리 밑단에는 단단한 고무밴드를 넣고 소매에는 벨크로(일명 '찍찍이') 처리를 한 게 기본이다.

자료 : 중앙일보(2011년 9월 21일자).

4. 공식 행사

공식 행사에는 결혼식, 파티, 미팅이나 맞선 등이 있다.

남성의 예복은 그 차림에 따라 정예장most formal wear, 준예장semi formal wear, 약예장 informal wear으로 나눈다.

정예장 중 모닝 코트morning coat는 낮 시간대의 최고의 예장으로 검정색 상의에 줄무늬 바지, 윙 칼라 셔츠, 회색 베스트에 은회색 아스코트 타이를 매고 회색 장갑, 검은 색 비단양말, 염소가죽 구두, 실크 해트hat까지 갖추는 것이 원칙이다. 상의는 앞부분에서 뒤로 갈수록 경사지게 비스듬히 재단된 것이 특징이며 국제적 리셉션 등 공식적이고 중요한 자리에서 입는 정식예복으로 키가 크고 건장한 남성에게 어울린다.

테일 코트tail coat는 연미복 또는 밤에 입는 예복이라 하여 이브닝 코트evening coat라

모닝 코트

디렉터스 수트

테일 코트

턱시도

블랙 수트

그림 9-4 남성 예복

고 하는 정예장이다. 실크를 댄 피크트 라펠peaked lapel의 상의는 앞길이가 짧고 뒷길이 길게 내려와 중앙이 절개된 디자인으로 흰색 조끼에 흰색 보우타이, 흰색 사슴가죽 장갑에 에나멜 구두를 착용하는 것이 원칙이다.

준예장인 디렉터스 수트director's suit는 상의와 베스트, 바지의 옷감이 모두 다른 주간에 입는 예장이며 턱시도texedo는 디너 재킷dinner jacket 또는 이브닝 재킷evening jacket 이라고도 불리며 야간에 착용하는 준예장이다. 공단으로 덧댄 숄 칼라shawl collar

그림 9-5 맞선 시 복장

나 노치트 칼라notched collar, 피크트 라펠peaked lapel의 재킷에 옆선에 세로로 공단 띠dress braid가 달린 검정색 바지와 윙 칼라 또는 레귤러 칼라의 셔츠를 입고 검은색 보우 타이bow tie에 검은색 커머번드cummerbund와 서스펜더suspender, 흰색의 린넨 포켓치프pocketchief를 갖춘 것이 정통한 차림이다. 모닝 코트나 테일 코트보다 상의의 길이가 짧아 키가 작은 동양인 남성에게 어울린다.

그 외 약식예장으로는 블랙black suit이나 다크 수트dark suit가 있다. 일반 수트에 비해 예의나 격식이라는 포멀 감각을 가미한 것으로 서양의 정식예장이 일반화되지 못한 동양에서는 이러한 범용성이 큰 블랙 다크 수트가 일반적으로 확산되어 있다.

주인공이 아닌 결혼식 같은 예식을 축하하러 가는 경우 남성은 정장 수트 차림의 말끔한 인상을 주는 것이 좋으며, 여성은 너무 튀지 않는 깔끔하고 밝은 이미지의 정장 또는 세미 캐주얼에 자연스러운 메이크 업이 무난하다. 기혼여성이나 중년층의 여성은 우아한 한복차림도 결혼식 분위기에 잘 어울린다.

맞선을 볼 때 여성에게 필요한 패션 센스는 평소 캐주얼 의상을 즐겨 입는다 하

그림 9-6 파티 룩

더라도 삼가는 것이 좋다. 모든 만남은 첫만남이 가장 중요하므로 검정이나 회색 정장에 흰색 셔츠로 커리어 우먼의 이미지를 어필하거나 여성스러운 디테일로 귀여움을 느낄 수 있는 복장이 호감을 줄 수 있다. 예를 들면, 블랙의 심플한 터틀 넥과 플레어 스커트 위에 무늬가 들어간 재킷과 가느다란 검정 벨트로 포인트를 주거나 하늘거리는 플라워 프린트의 원피스에 체크패턴의 재킷과 그 위에 코르사주로 마무리하는 것도 좋다. 메이크업이나 헤어 스타일은 자신의 장점을 살릴 수 있는 자연스런 모습이 좋다.

상류 계층에게만 국한된 것으로 여겨져 온 파티 문화는 생활 전반에 널리 퍼지고 있다. 잘 차려 입는 드레스 업dress-up 스타일은 파티에 자신을 보여주는 또 다른 방법이 된다. 하나의 주제, 즉 파티의 콘셉트를 정하여 거기에 맞는 드레스 코드를 자신의 개성대로 표현해 가는 것도 놀라운 일은 아니다. 예를 들어 파티의 주체자가 초대 손님에게 '화이트'라는 '드레스 코드'를 요구한다면 한정된 색으로 소재에 변화를 준 패션 연출이 이루어져야 할 것이다. 특별한 콘셉트가 주어지지 않는다면 남성은 밤에는 턱시도, 낮의 모임에는 블랙 수트가 무난하다. 여성은 연회일 경우 노출이 있거나 화려한 디자인이나 컬러의 드레스를 착용하며, 일반적으로 공식적인 행사나 모임에서는 심플한 원피스나 투피스에 화려한 클러치 백clutch bag이나 고급스러운 밍크 숄, 개성 있는 목걸이 등 작은 액세서리로 포인트를 주는 것이 좋다.

공연장 '드레스 코드'는?

외국 영화를 보면 종종 이브닝드레스를 입은 여배우가 턱시도를 빼 입은 남자 주인공의 팔짱을 끼고 오페라 공연장에 들어서는 장면이 나온다. 우리나라 클래식 공연장에는 별도의 복장 규제가 없기에 영화 주인공처럼 갖춰 입을 필요는 없다. 하지만 공연의 성격에 맞는 옷차림을 하는 것은 예술가와 다른 관객에 대한 기본 예의다. 클래식과 록 페스티벌, 연극·뮤지컬 등 공연 성격에 맞는 커플 룩을 제일모직과 함께 연출해 보았다.

클래식 공연은 예의 갖춰

갤럭시의 이○○ 디자인 실장은 "남성은 평소에 입던 비즈니스 캐주얼, 여성은 깔끔한 원피스에 재킷을 걸쳐 주는 것이 좋다."고 조언했다. 노출이 심하거나 부피가 커서 다른 관객들에게 방해가 되는 옷, 소리를 흡수하는 모피와 같은 두꺼운 옷은 피하는 것이 좋다.

록 페스티벌에는 자유롭게

여름철 야외에서 열리는 록 페스티벌은 자유를 만끽하는 축제인 만큼 평소보다 과감한 스타일을 시도해볼 만한 좋은 기회. 전체적으로 블랙 컬러로 통일하고 워커, 무거운 메탈 체인 장식, 스터드가 박힌 가죽 팔찌 등 록커들이 애용하는 아이템을 활용하면 멋진 '록시크(Rock chic)' 스타일을 연출할 수 있다.

뮤지컬·연극은 편하게

뮤지컬이나 연극 등의 공연은 데이트 코스로 가는 일이 많은 만큼 연인과의 커플룩을 시도해보자. 빈폴레이디스의 허○○ 디자인 실장은 "클래식한 아가일(Argyle, 마름모꼴 무늬) 패턴을 활용하면 편안하면서도 부드러운 스타일의 커플룩을 연출할 수 있다."고 제안했다.

자료: 세계일보(2011년 5월 26일자).

TPO에 맞는 패션 연출해 보기

자신의 라이프스타일을 분석하여 TPO에 어울리는 패션을 연출해 봅시다. 또한 자신이 어떻게 보이기를 원하는지 리스트를 작성하고 상황에 맞는 패션과 함께 목소리, 표정, 자세 등을 점검하고 완성해 봅시다.

TPO	연 출	
T :		
P :	사 진	설 명
O :		

(T : Time, P : Place, O : Occasion)

참고문헌

국내서적

강영숙 · 박수정(2002). 벌거벗은 세계일주. 도서출판 성하.

고영수(2003). 화장품학. 화장품신문.

김민자(2004). 복식미학 강의 2. 교문사.

김영인(2003). 시각표현과 색채구성. 교문사. 2003

김진한(2002). 색채의 원리. 시공사.

동아 TV 패션뷰티. 동아 TV COLLECTION, 7, 7-10.

문은배(2002). 색채의 활용. 도서출판 국제.

박영순 · 이현주(2003). 색채와 디자인. 교문사.

Birren 저, 윤일주 역(1997). 색채의 원리. 민음사.

신향선(2003). Color Image Making. 도서출판국제.

신혜순(2003). 현대패션용어사전. 교문사.

Anna Johnson 저(2000). 우먼 이미지 메이킹. 북라인.

이경손 · 김희섭(2003). 의생활과 패션 코디네이션. 교문사.

이경희 · 김윤경(2004). 남성 Fashion 디자인. 교문사.

이보영(2002). Pro.이미지 컨설팅. 교문사.

이인자 · 이경희 · 신효정(2001). 의상심리. 교문사.

이재만(2003). 컬러 하모니. 일진사.

임정의(2002). 세계 문화 기행. 도서출판 창해.

전용수(2000). Make Up Artist. 현문사.

Johannes Itten 저, 김수석 역(2000). 색채의 예술. 지구문화사.

중앙 m&b. CéCi(2006년 2월호).

주란 · 한정아(2004). **최신 미용 색채학**. 정문각.

G.Q. Korea. (주)두산잡지(2003년 2월호). No.24.

G.Q. Korea. (주)두산잡지(2004년 12월호). No.46.

패션큰사전편찬위원회. **패션큰사전**. 교문사. 1999

한국색채학회. **色色가지 세상**. 도서출판 국제. 2001

외국서적

Beth Barrick-Hickey(1995). *1001 Beauty Solutions*. Sourcebooks. Inc.

Carole Jackson(1987). *Color Me Beautiful Make Up Book*. Ballantine Books.

Carole Jackson(1984). *Color Me Beautiful*. Ballantine Books.

COLLEZIONI UOMO, Logos. 2000~2006

Farid Chenoune(1993). *A History of Men's Fashion*. Flammarion.

George B. Sproles&Leslie Davis Burns(1994). *Change Appearances*. Fairchild Publications.

Margaux Tartarotti(2000). *The Fine Art of Dressing*. A Perigee Book.

Nadia Brandler(2000). *Make Up Artistry*. Complections International LTD.

Patty Fox(1999). *Star Style*. Angel City Press. Inc.

Timmy Nishimura(2002). *WOMAN*. Tokyo FM Books.

UOMO BOOK MODA. No.11-16.

인터넷

http://www. kamata-juku.co.jp

찾아보기

191

패션과 이미지 메이킹

저자소개

이경희
부산대학교 대학원 의류학과(이학박사)
미국 오하이오 주립대학교 객원교수
미국 유타 주립대학교 객원교수
현재 부산대학교 의류학과 교수
저서 패션 디자인 플러스 발상(공저, 2008)
　　 남성 Fashion 디자인(공저, 2004)
　　 패션 디자인 발상(공저, 2001)
　　 의상심리(공저, 2001)

김윤경
부산대학교 대학원 의류학과(이학박사)
(주)스코필드 디스플레이실 코디네이터
창원대학교 의류학과 Post-Doc.
현재 부산대학교 의류학과 강사
저서 남성 Fashion 디자인(공저, 2004)
　　 패션 디자인 발상(공저, 2001)

김애경
부산대학교 대학원 의류학과(이학박사)
현재 동명대학교 뷰티케어과 교수

개정판 패션의
이미지 메이킹

2006년 3월 15일 초판 발행
2008년 3월 25일 2쇄 발행
2012년 3월 5일 개정판 발행
2015년 8월 17일 개정판 3쇄 발행

지은이 이경희 외
펴낸이 류제동
펴낸곳 교문사

편집부장 모은영
책임편집 성혜진
본문편집 이연순
본문 디자인 이혜진
표지 디자인 신나리
제작 김선형
영업 정용섭 · 이진석 · 진경민

출력 현대미디어
인쇄 동화인쇄
제본 한진제본

우편번호 413-756
주소 경기도 파주시 교하읍 문발리 출판문화정보산업단지 536-2
전화 031-955-6111(代)
FAX 031-955-0955
등록 1960. 10. 28. 제406-2006-000035호

홈페이지 www.kyomunsa.co.kr
E-mail webmaster@kyomunsa.co.kr
ISBN 978-89-363-1239-8 (93590)

값 18,000원
*잘못된 책은 바꿔 드립니다.

불법복사는 지적재산을 훔치는 범죄행위입니다.
저작권법 제 125조의 2(권리의 침해죄)에 따라 위반자는 5년 이하의
징역 또는 5천만 원 이하의 벌금에 처하거나 이를 병과할 수 있습니다.

FASHIO
IMAGE
MAKIN

FASHIO
IMAGI
MAKI